物联网关键技术及其在森林火灾智能监测中的应用研究

雷文礼　著

WUHAN UNIVERSITY PRESS

武汉大学出版社

图书在版编目(CIP)数据

物联网关键技术及其在森林火灾智能监测中的应用研究/雷文礼著.
—武汉:武汉大学出版社,2022.10
　ISBN 978-7-307-23216-7

Ⅰ.物… Ⅱ.雷… Ⅲ.物联网—应用—森林火—火灾监测—研究
Ⅳ.S762-39

中国版本图书馆 CIP 数据核字(2022)第 133093 号

责任编辑:王　荣　　　责任校对:汪欣怡　　　版式设计:马　佳

出版发行:**武汉大学出版社**　　(430072　武昌　珞珈山)
　　　　　　(电子邮箱:cbs22@ whu.edu.cn　网址:www.wdp.com.cn)
印刷:武汉科源印刷设计有限公司
开本:787×1092　1/16　印张:11　字数:250 千字　插页:1
版次:2022 年 10 月第 1 版　　2022 年 10 月第 1 次印刷
ISBN 978-7-307-23216-7　　定价:49.00 元

前　　言

　　森林是人类赖以生存和发展的重要资源,利用现代化的无线通信技术,实现对森林资源的监测和保护,对于生态环境和社会生产生活都具有非常重要的意义。物联网技术是传感器技术、无线通信技术、人工智能等技术发展的产物,是互联网技术在智能节点或物体间的扩展延伸,以实现物体间信息的传递。当前,物联网技术通过与传感技术、智能感知、智能识别及智能算法等技术结合,被广泛应用于各类智能网络中,为工业生产和人民生活的各个领域带来了便利,已成为推动现代信息技术和社会发展的强劲动力。

　　本书详细研究了面向森林火灾智能监测的物联网关键技术,以及在实际应用中迫切需要解决的一些实际问题。主要工作如下:

　　(1)针对森林火灾智能监测的应用需求,本书在对各方面需求和传统物联网网络架构分析的基础上,提出基于物联网的森林火灾智能监测的系统架构,为系统网络的搭建提供了参考与依据。

　　(2)对于物联网系统,节点的可靠定位非常重要,直接关系到火灾位置的确定,是森林火灾监测系统正常工作的基础。同时,节点位置信息是物联网监测消息中所包含的重要信息,对节点其他信息的获取有着重要的意义。本书基于差分进化(Differential Evolution,DE)算法提出一种改进的 DV-Hop 森林火灾监测物联网节点定位算法,该方法使定位算法更加充分地利用已知锚节点位置信息,对未知节点定位信息进行修正,仿真结果表明,该方法在不增加网络其他硬件设备的同时进一步提高了定位精度。

　　(3)物联网节点覆盖率是衡量物联网在监测区域可正常工作的范围的重要指标。本书提出一种基于差分进化的改进的森林火灾监测物联网节点有效覆盖方法,该方法是在标准DE 算法的基础上,基于二次插值的混合差分进化算法对森林火灾监测物联网节点有效覆盖进行优化。仿真结果表明,该方法提高了算法的局部搜索能力,进一步减少了算法的计算代价,为森林火灾监测节点的优化部署提供了可靠方法。

　　(4)数据收集是物联网的重要功能之一,但在无线网络出现瘫痪的情况下,数据如何收集成为一个迫切需要解决的问题。本书针对部署在森林环境的大规模物联网,在节点由于火灾烧毁、树木倾倒压损,造成部署方式被破坏,自组网网络中断,采集节点形成信息"孤岛"或者网络瘫痪无法采集的问题,提出一种通过无人机作为森林火灾监测数据接收节点,采用改进的蚁群优化算法优化无人机路径,遍历所有信息"孤岛"节点,实现数据的收集。将这种数据收集方式作为森林火灾监测无线网络收集的有益补充,可以很好地解决森林火灾发生后数据收集困难的问题,具有广阔的应用前景。

（5）在大规模的森林监测物联网中，由于节点发射能力有限，系统采取多跳的方式进行数据收集被广泛推广使用。因此，数据路由中中继节点的选择变成路由关键技术之一。针对网络中节点数目众多、分布广、密度大的特点，本书提出一种节能中继选择算法。该算法设置了最优的转发域，并在该转发域中获取最优的中继节点，从而实现节能路由。

西北工业大学王福豹教授、段渭军教授、李彬副教授、高昂副教授对本书部分方法及算法提出了许多宝贵的修改意见，在此表示衷心感谢！在本书的编写过程中参考了大量的文献，引用了国内外相关论文、教材与著作中的部分素材，在此谨向相关作者致以诚挚的谢意！

由于作者水平有限，书中难免有不足之处，敬请读者批评指正！

著　者

2022 年 3 月

目　　录

第1章 绪 论

1.1 研究背景

在我们赖以生存的地球上，森林是人类繁衍生息必不可少的资源之一。目前，全球的森林覆盖率为 32.3%，但森林资源在世界各地分布极不均匀，并随着人类活动日益频繁，全世界森林资源正按 2000 万公顷/年的速度递减，其中由森林火灾造成的森林覆盖面积减少占 50%以上[1]。

森林火灾所造成的经济损失几乎无法估量，对生态平衡造成的破坏几乎不可逆转。因此，各个国家都投入大量的人力、财力，试图通过先进的技术方法来防止大范围森林火险的发生，但效果却并不明显。

自森林出现以来，森林火灾就时而伴随发生，是一种在野外发生、难以有效控制的火灾形式。造成森林火灾的原因可能是雷电、人为纵火、热浪、干旱、工作人员疏忽等。据有关报道，森林火灾在全世界每年平均发生 20 多万次，燃烧掉的森林面积占森林总面积 1‰以上。中国的森林火灾目前每年发生 1 万多次，燃烧掉的森林面积占全国总森林面积的 5‰~8‰[2]，给我国的国民经济和生态环境造成了巨大的损失。

森林火灾给人民的生命和财产安全带来威胁，并对自然环境和资源造成不可估量的损失。森林火灾不仅烧毁了树木，降低了森林覆盖率，同时还严重破坏了森林的生态结构，导致珍稀物种消失，动物和鸟类减少，生态系统失去平衡，森林生态系统的生产力下降，甚至造成人员伤亡；森林火灾发生后，当地土壤的化学性质和物理性质也随之发生变化，土壤的保水性和渗透性降低，部分低洼地的地下水位上升，变成沼泽地；此外，由于土壤表面碳化变暖，会造成火灾发生地的地表干燥化，不利于森林再生，或导致许多低价值的耐极端生态条件的植被覆盖[3,4]。

目前，实践中仍主要依靠人力巡逻或航空摄影的方式进行森林火灾预警，森林火灾治理仍处于救治阶段，即发生火灾危险，通常在扩大发现后进行应急救援。这大大增加了救灾的难度，也造成火灾损失增大。同时，由于森林火灾是紧急事件，需要持续监测，原有的人力巡逻或航空摄影已不能满足覆盖面积和成本等方面的森林防火要求。

1.2　国际森林火灾监测技术比较

1. 卫星监测

代表国家：加拿大

加拿大采用卫星巡回方式，利用两颗卫星在该国上空每天飞行五次，以卫星发射电磁辐射信号来探测森林温度。当检测到森林目标监测区域火光红外波长达到 $3.7\mu m$、温度达到 $150\sim200℃$ 时，系统初步判断为火灾，并进一步采取措施，获得更准确的温度信息。与此同时，监测中心及时组织灭火救援，通过网络发布森林火灾预测及预报。这种方式每次大约可监测 $1000km^2$ 范围[5]。

通过这种方式监测森林火灾所存在的问题是：当发现林区发生森林火灾时，火灾区域的火势和火灾范围已经相对较大，且卫星信息一般存在 14% 以上的误差，导致预警和监测的误差较大，不利于实现森林火灾预警早期发现、早期灭火的目标。

因此，加拿大政府还使用直升机在森林地区巡回监测，以弥补卫星监测发现森林火灾晚、误差大的不足。但使用直升机巡回监测的费用较高，为 $5000\sim6000$ 元/小时，而且也不能覆盖所有区域，仍有误差。

2. 护林飞机和红外遥感监测

代表国家：美国

美国使用"大地"地球卫星系统绕地球在约 705km 的高度运行，并配备了一个中等分辨率成像光谱仪，以检测高温区域、烟火和地面上的火灾地点。该系统由美国国家航空航天局（NASA）于 1999 年推出，虽然成本超过 13 亿美元，但该卫星系统中仍有两颗卫星传回的图像的精度和细节都很低[6]，且还有五颗卫星所处的运行轨道及运行周期在北美有超过 12 小时的空白时间，大大降低了卫星的有效利用率。后来，美国逐步开始使用森林火灾监测无人机进行森林火险等环境监测，取得了部分成功，但为此也花费了巨额支出。

3. 红外热成像监测

代表国家：加拿大、日本

红外热成像技术需要避免遮挡，从而降低对火灾成像的干扰，因此，一般可选择从空中进行成像监测。加拿大森林研究所自 1975 年以来，一直在研究如何通过红外热成像技术进行森林火灾监测和检查来自飞机的潜在未爆炸火源。该研究所使用的直升机携带便携式 AGA750 热成像仪，可进行火灾监测实验，但实践中发现实用价值不大，因而并未大范围商业化使用。

日本在利用红外热成像技术监测火险时，没有从空中进行成像监测，而是采用从地面成像的方法进行监测，这种方法相对更易实现，但由于树木的遮挡，使得对火险点的成像造成较大干扰，对火险的判断也受到影响。加上这种方法成像监测的半径更小，而成本又太高，因而也没有推广使用。

4. 数字化远距离监测系统

代表国家：德国

森林火灾自动预警系统 FIRE-WATCH 是德国的一种数字化程度较高的远距离火灾监测系统，该系统能监测大范围的目标区域，系统安装一般要求选择在 30~65m 高处，天气环境较好时，监测半径正常值为 10km。这套系统与我国传统视频监控技术相比有许多共同之处，技术上也较为相似，但其数字化实现程度比我国传统视频监控要高许多。

该系统约需 7.5 万欧元/每套，使用成本较高，后续维护也较困难，对大多数贫困地区来讲并不适用。

5. 多技术融合监测

代表国家：澳大利亚

澳大利亚的森林火灾监测采取多技术融合的方式，主要包括：一是免费开通了"000"电话森林火险报警系统，动员国民主动报告森林火险，当有人发现森林火灾时可以迅速报告；二是瞭望台监视，当在火灾高发时段时，进行 24 小时高火险监测；三是高分辨率遥感技术监测；四是使用航空摄影的方式；五是使用红外森林火险监控和 GPS 火险定位；六是空中扫描检测；七是派遣飞机空中巡护监测；八是传统人工巡逻。

国外森林火灾监测中，卫星监测、无人机监测、红外成像监测等技术解决方案复杂，建设周期长，总体成本偏高，后期使用维护费用较高，在我国大范围森林覆盖区域推广实施较为困难，不能满足现实中林火监测的实际需要。

1.3 我国森林防火技术发展趋势分析

1. 地面巡护监测

地面巡护监测，主要是利用森林巡护人员的主动性和机动性，对进出森林的人民群众进行宣传教育，控制人为的火源。巡护人员可进入瞭望塔或监控覆盖不到的盲区巡护查看，检查进出森林的车辆、货物和人员，对森林区内的工程生产活动进行监控，防止火灾隐患发生[7,8]。

缺点：巡逻区域小，肉眼可视范围受限；森林深处或地形复杂的区域不适合人类进入，地面巡护监测无法实施；火险位置的判断对人的依赖性较大，并会受到山势、地形、树木、烟雾和经验等许多因素的影响，导致较大的判断误差。

2. 瞭望台监测

瞭望台监测是通过在森林地势较高处建设人工瞭望台，通过森林工作人员在瞭望台上监测，完成对森林火险的发现、位置的确定以及火灾的及时报告。

缺点：在无法满足基本生活条件的复杂区域，或可能对人类造成危险的森林深处，不适合进行瞭望台监测；由于山势、树木高低起伏的影响，瞭望台上不能对所有目标区域进行监测，容易漏判火险，对受到浓烟和雾气笼罩的大面积火灾区域，以及靠近地面的火灾观察困难；在非火灾期间，由于值守人员少或无人值守等状况，森林火险处于无人监测状态；遇到雷电等极端天气，不方便上瞭望台观察；瞭望台监测对观察者的经验和意识依赖性较高，往往造成误差大、精度低；观察者的人身安全受到闪电、野生动物、森林自然灾害等的威胁较大；瞭望台监测需要观察者全天候监测，劳动力成本较高。

3. 航空巡护监测

航空巡护使用巡逻飞机进行森林火灾探测，具有巡逻视野宽、移动性强、速度快的优点，可对林火发展趋势和周边环境进行全方位监测，为后续火灾救援等提供可靠的信息数据支持。

缺点：巡逻飞机的起飞受自然天气变化的影响较大，在光线、能见度等不适合起飞的时间段，航空巡护监测不能实现，影响森林火险监测的可靠性；巡逻飞机的飞行航线和时间需报批，不能随时监测森林火险，且只能监测巡航路线上某一时刻的森林火险，导致火险漏报时常发生；飞行成本2000元/小时，代价高，飞机租赁费用昂贵。

4. 卫星遥感监测

我国使用极地轨道气象卫星、地球静止卫星、地面资源卫星、低轨地球卫星，对森林火险进行卫星遥感监测。卫星遥感监测不受目标监测区域周围环境和气候等自然条件限制，可通过遥感技术迅速查找目标监测区域的热点信息，实时查看火灾发展的动态变化，为指挥系统提供参考和救援信息，并可结合当前的气象数据发布火灾预报信息。卫星遥感监测较适合大范围环境的森林火灾监测，可快速计算火灾面积，数据采集、处理方便，图像信息资料连续性强，可视性好，可实现对森林火灾的动态监测，且监测系统相对独立，可靠性较高[9-14]。

缺点：卫星遥感监测获得的数据范围较大，精度低，如当火灾热点图像数据达到3个像素时，火灾已经形成规模，此时，从卫星监测获取森林火险某一处遥感数据，到验证和组织灭火，时间太长，不能发挥"打早、打小、打了"的作用。因此，必须采取其他措施进行辅助性验证，但对于偏远森林地区，信息验证较为困难。

5. 红外热成像监测

红外热成像技术通过处理红外热图像，识别像素，实现对森林火灾早期准确发现的目的，其主要优点是不受天气、光线等条件的影响。

缺点：红外热成像技术不具有穿透性，要求无障碍物遮挡。为了避免森林中树木对火险成像效果的影响，提高火险判断的准确率，一般需要通过热成像仪从空中成像监测；监测辐射半径小，用于森林火灾监测的成熟热成像仪半径范围约 1km，最大 3km；图像显示不直观，对现场情况不能准确、快速判断；与 GIS 系统不能很好地融合，从而不能很好地支持火险定位等功能；红外热成像监测成本高，很难推广使用。对于森林面积为 300km^2 的目标监测林区，如采用智能视频监控(半径 10km)只需一个基站，而采用热成像仪监测，则需要 10 个或更多个基站(半径 3km)；再加上热成像监测自身成本高，比智能视频监控的成本高 20 多倍。

6. 传统视频监测

传统视频监测是利用数字或模拟摄像头将采集到的视频图像信息发送到监控中心，由工作人员在监控中心对所有采集到的视频图像信息进行查看监测的方法。相比于人工瞭望台监测，传统视频监测在技术上是一种进步[15-19]。

缺点：对采集到的视频图像信息，仍然依靠肉眼监测其中的火险信息，人员容易疲劳，且对人员的经验要求也较高；在显示的视频图像信息较多的情况下，劳动量较大，且火险信息容易错过，漏报森林火险的现象不可避免；监控中心需要人员 24 小时不间断轮值，人力成本较高；传统视频监控是非数字化系统，许多智能应用无法实现。

上述几种林火监测技术是我国当前主要应用的森林火灾监测方法。其中，航空巡护监测由于航线和巡护飞机运行代价较高，不适合在大范围实施，只在重点区域或特殊情况下运用；卫星监测火险发现准确，但存在时间滞后的问题，一般应用在对我国森林覆盖全局进行宏观监测和火险动态变化预测中；传统视频监测将森林火险的监测地点从野外转移到监控中心，实现了森林火险监测的数字化，但存在数字化程度不高、应用性不强的特点。基于红外热成像技术的森林火灾识别方法和基于图像的森林火灾智能识别方法，从应用上讲是主要的技术发展方向，但红外热成像仪的技术特点更适合与航空巡护结合，其造价成本太高也是难以推广应用的原因之一。

1.4 基于物联网的森林火灾智能监测技术

1.4.1 物联网技术的发展

1995 年，在《未来之路》一书中，比尔·盖茨首次提出"物联网"的概念，但当时的软硬件设备和无线通信技术的发展相对缓慢，还不足以支撑物联网的发展，并没有引起世界的关注。1998 年，美国麻省理工学院(MIT)创新性地提出原型为 EPC 系统的"物联网"的设想。1999 年，美国 Auto-ID 首先提出基于物品代码，RFID 技术和互联网基础的"物联网"概念。在中国，物联网最早被称为传感器网络。中国科学院早在 1999 年就开始对传感器网络进行科学研究，建立了一些适用于某些场景的传感器网络。同年，在美国举行的移动计算与网络国际会议上，预见性地提出"传感器网络是下个世纪人类面临的另一个发展机遇"。2003 年，美国《技术评论》中更是将传感器网络技术列为未来改变人们生活的十大技术之首。2005 年 11 月 17 日，《ITU 互联网报告 2005：物联网》在信息社会世界峰会（WSIS）会议上发表，这样，"物联网"概念被正式提出。

2004 年，日本主管信息和通信产业的总务省提出了日本 2006—2010 年的信息技术发展战略——"u-Japan 战略"。该战略的目的是希望日本在 2010 年建成在任何时间、任何地点、对任何对象、任何人都可以连接的无处不在的网络。

2008 年，日本总务省提出，"u-Japan 战略"政策的重点应从以前的提高居民的生活质量，发展到促进工业和区域发展，通过深度一体化各个行业、区域和信息通信技术的融合，实现经济增长。即通过信息通信技术与各行业、区域应用紧密联系，实现工业变革和促进新应用发展；通过信息通信技术和网络实现人与区域社会间的联系，促进区域经济社会发展；通过信息通信技术实现生活方式的改变，实现网络社会生活环境无处不在。

2009 年 7 月，日本 IT 战略部门颁布了新一代日本信息战略——"i-Japan 战略"，以便让数字信息技术进入社会生活的各个角落。该政策目标集中在三大公共事业：电子政务、卫生信息服务、教育和人才发展方向。建议到 2015 年通过数字技术实现"新行政改革"，简化、标准化、效率化、透明化行政流程，促进电子病历、远程诊疗和网上教育等应用的发展。同时，日本政府对企业的数字信息化关注也不少，企业内部对研发也非常重视，希望在技术上取得突破，出现在日本爱知博览会上的日本馆、机器人、纳米技术、下一代家庭网络和高速列车等未来高科技和新产品让参观者耳目一新。

在美国，2009 年奥巴马就职总统后，对 IBM 公司的"智慧地球"概念作出了相当积极的回应，并很快将"物联网"列为国家战略，并在全球范围内引起广泛关注，"物联网"概念因此成为 2009 年最热门的主题之一。

美国将物联网当作经济振兴的"新武器"，投入大量资金深入研究物联网相关技术。在基础设施、相关技术水平及产业链的成熟程度上，都走在世界前列，目前已相当成熟的互联通信网络为物联网的进一步发展创造了良好的机遇。

美国的《经济复苏和再投资法》提出，在能源、科学技术、医疗和教育等领域，通过政府投资和减税措施，改善经济环境，增加国民就业机会，促进美国社会和经济的长期发展。并在能源、宽带和医疗三个领域鼓励推动物联网技术的发展。例如，得克萨斯电网公司已经建立了一个智能数字电网。该数字电网可以在出现故障的情况下自动检测和报告故障位置，并在少于 10 秒内自动路由恢复供电。该数字电网也可以接入风能、太阳能等新能源，有利于新能源产业的增长。匹配的智能电表允许用户通过电话控制家用电器，给居民提供方便的生活服务。

欧盟在物联网技术和应用方面进行了大量创新工作。2009 年 11 月，在全球物联网会议上，欧盟专家详细介绍了欧盟物联网行动计划，该计划旨在引领物联网世界的发展，并引起了广泛关注。欧盟推出的物联网应用，从当前的发展来看，包括以下几个方面：成员国逐步使用药物的专有序列码,确保药物到达患者手中之前已经通过认证,减少系统欺诈和药物分发过程中出现错误的概率,序列码可以轻松跟踪用户的药品,并确保欧洲在打击不安全药物和打击药品假冒方面取得有效成果;能源部门的一些上市公司开始设计使用智能电子系统,以提供实时的消费信息;在电力部门,电力供应商可以远程监控电力的使用;在物流、制造、零售等一些传统领域,智能系统的使用促进了信息的交流,明显地缩短了生产周期。

为了加强对物联网的管理,去除物联网发展中的障碍,欧盟还制定了针对物联网的一系列管理运行准则和分布式管理结构,实现对物联网的有效管理,保障物联网行业健康发展。

我国物联网与欧美等发达国家同处在起步时期,具有一定的技术、产业和应用积累,并显现出较好的发展趋势。在物联网相关的技术领域如芯片、网络协议及管理、数据处理、智能计算等领域,均已进行了多年的技术研究,取得了很多成绩。在物联网相关技术标准的研究方面也获得了长足的进步,已经成为国际标准化组织(ISO)和传感器网络标准工作组(WG7)的主要国家之一。2010年,传感器网络协同信息处理国际标准由我国主导提出,并正式立项,表明我国在物联网领域的话语权加重。同年,中国企业开发出世界上第一个二维码解码芯片和具有国际先进水平的光纤传感器。

中国科学院的相关信息研究所如上海微系统与信息技术研究所、声学研究所、微电子研究所等几乎都有物联网相关技术的研究。在传感器和微系统,传感器网络和宽带接入领域,中国科学院有着长期的工作基础,并在知识创新项目中实施了更大的前瞻性战略布局:1999年,"无线传感器网络及其应用"进入知识创新工程的重点方向。2001年,成立了"中国科学院上海微系统与信息技术研究所"和"中国科学院微系统中心"。其中,中国科学院微系统中心作为一个顶层机构,协调组织相应的研究机构开展微系统和传感器网络的创新。许多高校如清华大学、东南大学、中国科技大学、浙江大学等也进行了物联网的相关研究工作。

2009年由中国科学院、江苏省人民政府、无锡市人民政府共同成立了"中国物联网研究开发中心",其总体目标是建立从研发、系统集成到典型应用演示的创新价值链。该中心目前已成为江苏省国家级"以感知为中心"的创新基地、物联网产业培育中心、集成创新中心和行业应用示范中心,逐步成为物联网产业发展的核心技术引擎。该中心在"感知中国"战略性产业发展的应用过程中开展重大技术研究;聚集各方力量和现有成果,开展综合创新,促进成果转化和产品孵化;开展应用示范,推动产业行业健康发展等方面做了大量工作。

当前,我国物联网在卫生、安全、电力等各领域已经有所应用,其应用模式正在走向成熟。在安防领域、智能视频监控、周边入侵防御等应用均取得了较好的效果;在电力行业,智能远程抄表、输电监测等已经成熟,正在逐步扩大应用面;在运输领域,道路网络监控、车辆管理和调度应用已表现出良好的成效;在物流领域,货物仓储、运输、监控应用已普遍采用物联网;在医疗领域,个人保健、远程诊疗等应用越来越成熟。此外,物联网还在市政设施监控、智能环境监测、建筑节能、药品食品溯源等方面也进行了广泛的应用推广。

1.4.2 物联网技术在森林火灾监测应用中的研究现状

美国加利福尼亚大学最早利用物联网技术开展了森林火灾监测的研究，并成功设计了 FireBug 系统，该系统利用 GPS 定位器来实现对节点位置、温度、湿度和压力数据的采集，并通过基站将采集的数据发送至数据中心，监控人员可以通过浏览器以 B/S 方式查看系统采集到的信息。该系统在实际森林火灾环境中进行了测试，性能良好。华盛顿大学的学者提出在物联网中使用移动节点来寻找火源的方法，增强了系统的灵活性和可扩展性。加拿大的学者研究开发了森林火灾实时监测与管理系统，该系统通过将红外热传感器采集到的信息与火灾预警模型结合，可以发现一定距离内的火点，并预测火灾蔓延的趋势。

我国近些年来也开展了森林火灾监测的相关研究，但利用物联网对森林火灾进行监测的研究相对较少，目前仍处于起步阶段。其中，李光辉等[22]提出了一种基于无线传感器网络的森林火灾监测预警技术的系统框架及其实现方案，重点讨论了森林火灾预测预报模型、无线传感器网络节点的部署及拓扑形成机制、传感器网络节点与火险精确定位方法、无线通信协议等关键问题。张军国等[23]针对基于 ZigBee 的传感器网络在森林防火系统中的应用进行了一些研究，并针对 2.4GHz 的无线通信传输信号在森林环境中的传播特性开展了研究工作。胡全[24]对基于 GIS 的森林火场模拟关键技术进行了研究，提出基于多特征相融合和支持向量机的森林火场识别技术。夏俊等[25]针对节点能量受限的问题，结合能量传输和网络拓扑模型，基于改进量子遗传算法，提出一种无线传感网络路由优化算法，延长了网络生存时间。吴金舟等[26]通过建立网络节点数据传输模型，并利用数学函数优化节点能耗的方法，提出针对单节点情况的无线传输网络优化策略。李珊珊等[27]针对网络可靠性这一问题，将网络编码与传输路径结合，分担路径失效对网络可靠性的影响，可提高网络传输的可靠性。唐强等[28]针对特殊环境下，数据传输难以实现的问题，提出基于 FPGA 和网络节点的无线网络数据传输方法。李陶深等[29]针对 Mesh 网络的拥塞问题，采取自适应调整的策略，提出跨层感知的控制拥塞算法。魏琴芳等[30]通过消息认证码和有效的 ID 传输机制，实现了高效的无线传感网络数据融合。侯鑫等[31]针对数据冗余和节点能量消耗的问题，在动态分簇的前提下，设计了基于神经网络数据融合算法。

由以上分析可见，目前主要局限于物联网森林火灾监测的传感器节点设计、网络传输方面的初步研究，基于物联网的森林火灾监测系统的研究还未有实际应用的报道，面向该方向的研究资料较少，研究工作还有待进一步加强。

1.4.3 物联网技术应用于森林火灾监测的特点

物联网是通过各种信息传感设备和通信技术，感知与之相连的对象或过程，实时监测、采集、交互它们的物理或化学等各种属性信息，并结合互联网的一个大型网络。在该网络中，节点可以彼此通信而无需人工干预。其实质是通过射频自动识别技术，实现物联网中节点的相互识别，并利用互联网技术实现节点间信息的交换。其目的是实现节点和节点、节点和人、所有节点和网络的连接，便于识别、管理和监控。相比于计算机互联网，物联网表现出其独有的一些特点[20,21]。

第一，物联网是各种传感技术应用的广泛集合。传感技术是物联网信息采集的基础，在每个物联网中均包含了大量的传感元件或设备，而每个传感元件或设备都是信源，负责采集获取不同格式或结构的各种类型的信息，并以定时或实时的方式将采集的信息发送出去。这些信息中包含了自身信息、采集到的环境信息、交互信息等，是物联网承载的内容和各类应用的基础。

第二，物联网是计算机互联网的延伸和扩展。计算机互联网技术在物联网中担负着重要作用。物联网中节点采集的信息数量极多，形成了海量数据，需要通过互联网传送出去。物联网利用有线或无线网络与互联网集成，实现节点信息的共享。在物联网中，由于节点类型较多，网络结构复杂，为实现网络的互联互通，需要支持异构网络及各种不同类型的协议。

第三，物联网除具有感知和互联功能外，还具有信息智能处理的功能。近年来，随着电子和通信技术的不断进步，物联网中节点性能的提升也日益凸显。物联网技术与智能算法、智能识别、智能处理、数据融合等技术的结合不断深入，并应用到社会生产生活的各个领域，发展成为一种新的应用模式，打开了新的市场需求。

此外，物联网不仅可以实现节点间的互联，还能通过自身的处理能力，实现对节点的智能控制。物联网将传感技术与智能化处理紧密地结合在一起，通过云计算、人工智能等技术对数据进行分析、处理，使得其应用领域进一步拓宽。

基于物联网的森林火灾智能监测系统，通过物联网监测节点采集森林火险和环境信息，然后通过低功耗无线通信技术，将采集的信息发送至后端监控中心，后端监控中心与云计算平台相联，负责数据信息的处理和存储，并结合森林火灾监测的实际需求，进行火险预报、监测和应急救援指挥等。

基于物联网的森林火灾智能监测系统能够实现大面积森林火险的监测预警，为火险的应急处理提供技术支撑，符合森林火险监测技术的发展趋势，可满足现阶段我国森林防火的实际需求。

其优点表现在：不需要人工轮换值守，实现了森林火险监测的自动化，大大降低了传统人力成本；实现森林火险的自动化识别、报警、预测，火险发现快速准确；网络部署简单方便，使用低功耗无线通信技术，可满足长期野外监测的实际需要；火险定位精确，误差小；可基于三维 GIS 模拟火灾传播趋势，分析消防路径，演示动态场景，评估灾后情况等。

基于物联网的森林火灾智能监测系统是自动监测、火险定位、覆盖优化、数据收集、火险报警、辅助决策、应急救援、灾后评估等森林防火工作的自动化、信息化的智能系统，对大面积森林火险的监测预警具有重要意义。

1.5　本书的主要研究内容

本书详细研究了面向森林火灾智能监测的物联网关键技术，以及在实际应用中迫切需要解决的一些实际问题。

(1)针对森林火灾智能监测的应用需求，本书在对各方面需求和传统物联网网络架构分析的基础上，提出基于物联网的森林火灾智能监测的系统架构，并对基于物联网的森林火灾智能监测系统中数据采集层中的关键技术，包括节点定位技术，节点覆盖技术和数据收集技术进行了介绍，指明了本书后续章节的研究内容。

(2)对于物联网系统来说，节点的可靠定位十分重要，它是森林火灾监测系统正常工作的基础。节点位置信息是物联网监测消息中所包含的重要信息，对节点其他信息的获取有着重要的意义。本书基于差分进化算法提出一种改进的 DV-Hop 物联网节点定位算法，该方法使定位算法更加充分地利用已知锚节点位置信息，对未知节点定位信息进行修正，仿真结果表明，该方法在不增加网络其他硬件设备的情况下，进一步提高了定位精度。

(3)物联网节点覆盖率是衡量物联网在监测区域可正常工作范围的重要指标。本书提出一种基于差分进化的改进的物联网节点有效覆盖方法，该方法在标准 DE 算法的基础上，提出基于二次插值的混合差分进化算法来对物联网节点有效覆盖进行优化。仿真结果表明，该方法提高了算法的局部搜索能力，进一步减少了算法的计算代价，为森林火灾监测节点的优化部署提供了可靠方法。

(4)数据收集是物联网的重要功能之一，但在无线网络也出现瘫痪的情况下，数据如何收集成为一个迫切需要解决的问题。本书针对部署在森林环境的大规模物联网，在物联网节点由于火灾烧毁、树木倾倒压损，造成部署方式被破坏，自组网网络中断，采集节点形成信息"孤岛"或者网络瘫痪无法采集的问题，本书提出一种通过无人机作为数据接收节点，采用改进的蚁群优化算法优化无人机路径的方法，遍历所有信息"孤岛"节点，实现数据的收集。将这种数据收集方式，作为无线网络收集的有益补充，具有广阔的应用前景。

(5)在大规模的森林监测物联网中，由于节点发射能力有限，系统利用多跳的方式进行数据收集被广泛采用。因此，数据路由中继节点的选择变成为路由关键技术之一。针对森林无线物联网络中节点数目众多、分布广、密度大的特点，本书提出一种节能中继选择算法。该算法设置了最优的转发域，并在该转发域中获取最优的中继节点，从而实现节能路由。

综上所述，本书的主要研究内容及创新点可以用图 1-1 表示。

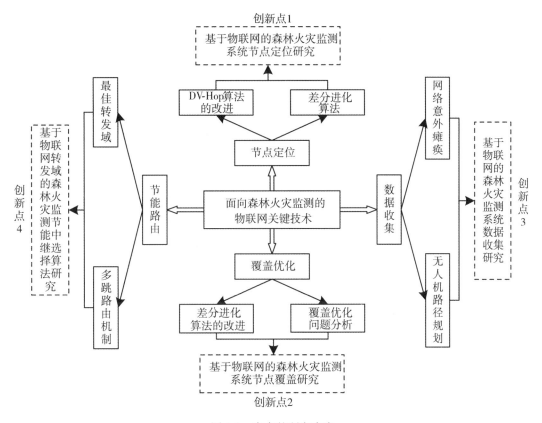

图 1-1　本书的研究内容

第2章 物联网系统及相关技术

　　物联网概念是在互联网概念的基础上，将其用户端延伸和扩展到任何物品与任何物品之间，进行信息交换和通信的一种网络，最核心的思想是将物联到网上。物联网的系统架构自下而上分别是：底层——利用 RFID 等无线通信技术、传感器、二维码等随时随地获取物体的信息，感知世界的感知层主要完成信息的采集、转换和收集；中间层——用来传输数据的网络传输层，主要完成信息传递和处理；上层——把感知层得到的信息进行分析处理的应用服务层，主要完成数据的管理和数据的处理，并将这些数据与行业应用相结合，实现智能化识别、定位、跟踪、监控和管理等实际应用[32,33]。

　　一个物联网系统基本上由如图 2-1 所示的三部分组成：①由传感器主导的信息采集系统；②处理和传输系统；③云及处理系统。物联网是利用现有技术去搭建的，下面分别介绍物联网的相关技术[34,35]。

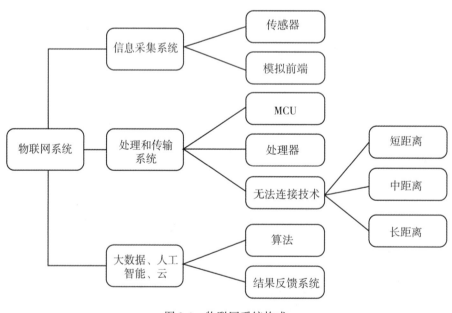

图 2-1　物联网系统构成

2.1 感知技术

感知功能是构建物联网系统的基础，其包含的关键技术有 RFID 等无线通信技术、传感器技术、信息处理技术等，感知是信息采集和处理的关键部分[36]。

2.1.1 RFID

1. RFID 简介

RFID 是一种利用无线射频技术去识别目标对象并获取相关信息的非接触式的双向通信技术，其系统由一个阅读器和若干标签组成，如图 2-2 所示。标签分有源标签和无源标签，有源标签自身带电源；无源标签自身不带电源，能量来自阅读器发射的电磁波，其把电磁波转化为自己工作的能源。

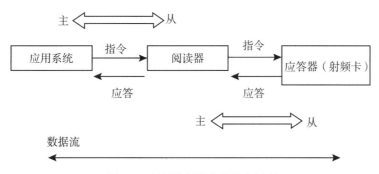

图 2-2　射频识别技术的基本原理

RFID 的原理是利用射频信号和空间耦合（电感或电磁耦合），实现对被识物体的自动识别。其工作过程如图 2-3 所示。

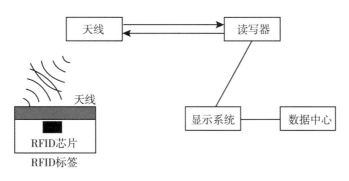

图 2-3　RFID 的工作过程

RFID 标签与条形码相比，具有读写距离远、储存量大等特性。另外，RFID 技术还具有以下特点。

（1）快速扫描。RFID 识别器的防碰撞技术能够有效避免不同目标标签之间的相互干扰，可以同时识别多个目标，颠覆了以往条码、磁卡、IC 卡等一次只能识别一个目标的技术。

（2）数据读写功能。通过射频读写器能够对支持读写功能的射频标签进行数据的写入与读出。而条码只支持数据读出功能，条码信息一旦录入便不能再修改。

（3）电子标签的小型化，形状多样化，使 RFID 更容易嵌入不同的物体内，应用于不同的产品。

（4）耐环境性。RFID 采用非接触式读写，不怕水、油等物质，可在黑暗以及脏污环境中读取数据。

（5）可重复使用。RFID 电子标签中存储的是一定格式的电子数据，故可通过射频读写器对其进行反复读写，比传统的条码具有更高的利用率，对信息的更新提供了便捷。

（6）穿透性和无屏蔽阅读。在被纸张、木质材料以及塑料等非金属障碍物覆盖的情况下，射频卡也可以进行穿透性通信。而条形码在被覆盖或无光条件下将失去提供信息的能力。

（7）数据记忆容量大。一般条码的容量为 30～3000 字符，而 RFID 的最大容量可达数兆字符。

（8）安全性、可靠性更高。RFID 射频标签存储的是电子信息，可通过加密对数据进行保护。

射频识别的几种常见分类如表 2-1 所示。

表 2-1 射频识别几种常见分类

分类标准	具体类别	特　点
工作模式	主动式（有源标签）、被动式（无源标签）	有源标签发射功率低、通信距离长、传输容量大、可靠性高、兼容性好。无源标签体积小、质量轻、成本低、寿命长，但无源标签通常要求与读写器之间的距离较近，且读写功率大
工作频率	低频 RFID，中高频 RFID、超高频 RFID，微波 RFID 等	低频 RFID 标签典型的工作频率为 125kHz 与 133kHz；中高频 RFID 标签典型的工作频率为 13.56MHz；超高频 RFID 标签典型的工作频率为 860～960MHz；微波 RFID 标签典型的工作频率为 2.45GHz 与 5.8GHz
封装形式	粘贴式 RFID、卡式 RFID、扣式 RFID 等	灵活应用

2. 射频识别的应用

随着物联网技术的发展，物联网逐步走进我们的生活。作为物联网中较早使用的无线通信技术，RFID 的应用领域非常广泛，包括物流领域、交通运输、医疗卫生、市场流通、食品、商品防伪、智慧城市、信息、金融、养老、教育文化、残疾事业、劳动就业、智能家电、智慧工业、生态活动支援、犯罪监视、安全管理、国防军事、警备、图书档案管理、消防及防灾、生活与个人利用等。下面介绍 RFID 的几个典型应用。

1）供应链管理领域

无线射频识别技术适合在物流跟踪、货架识别等要求非接触式采集数据和要求频繁改变数据内容的场合使用，特别适合供应链管理。在供应链管理中无缝整合所有的供应活动，将供应商、运输商、配送商、信息提供商和第三方物流公司整合到供应链当中。给每件商品都贴上 RFID 标签，不必打开产品外包装，系统就能对成箱成包的产品进行识别，从而准确、随时地获取产品相关信息，如产品名称、生产地点、生产商、生产时间等。RFID 标签可以对商品从原料、成品、运输、仓储、配送、上架、销售、售后等所有环节进行实时监控，不仅极大地提高了自动化程度，而且可大幅降低差错率，大幅削减获取产品信息的人工成本，显著提高供应链透明度，使物流各个环节实现自动化。

2）智能电子车牌

智能电子车牌是将普通车牌与 RFID 技术相结合形成的一种新型电子车牌。电子车牌是一个存储了经过加密处理的车辆数据的 RFID 电子标签。其数据由经过授权的阅读器才能读取。同时在各交通干道架设的监测基站通过移动通信终端与中心服务器相连，还可以与警用掌上电脑（PDA）相连。PDA 放在监测基站前方，车辆经过监测基站时，摄像机将车辆的物理车牌拍摄下来，然后经过监测基站图像识别系统处理后，得到物理车牌的车牌号码；同时，RFID 阅读器将读取电子车牌中加密的车辆信息，经监测基站解密后，得到电子车牌的车牌号码。

由于电子车牌经过软硬件设计和数据加密，因此不能被仿制。每辆车配备的电子车牌都有与之对应的物理车牌号码，如果是假套牌，则没有与之对应的车牌号码，此时，监测基站会将物理车牌号码通过 WLAN 发送到前方交警的 PDA 上，提示交警进行拦截。同理，在此过程中智能车牌系统也能识别黑名单车辆、非法营运车辆。

3. RFID 的安全机制

RFID 电子标签安全性能也非常重要。现有的 RFID 系统安全解决方案分为：第一类，通过物理方法，阻止标签与读写器之间的通信；第二类，通过逻辑方法，增加标签的安全机制。

常用的物理方法如下：

（1）杀死（Kill）标签：使标签丧失功能阻止标签的跟踪。

（2）法拉第网罩（Faraday Cage）：由导电材料构成的法拉第网罩可以屏蔽无线电波，

使外部无线电信号不能进入网罩。

（3）主动干扰：用户使用某种设备将无线干扰信号广播出去，干扰读写器。

常用的逻辑方法如下：

（1）Hash 锁：用 Hash 散列函数给标签加锁。

（2）随机 Hash 锁：将 Hash 锁扩展，使读写器每次访问标签的输出信息都不同，可以隐藏标签位置。

（3）Hash 链：标签使用一个 Hash 函数，使每次标签被读写器访问后都自动更新标识符，下次再被访问，就被认为是另一个标签。

（4）匿名 ID 方案：采用匿名 ID，即使被截获标签信息，也不能获得标签的真实 ID。

（5）重加密方案：采用第三方设备对标签定期加密。

RFID 电子标签分为存储型和逻辑加密型两类。存储型电子标签是通过读取 ID 号来达到识别的目的，可应用于动物识别、跟踪追溯等方面。这种电子标签常应用唯一序列号来实现自动识别。逻辑加密型的 RFID 电子标签有些涉及小额消费，其安全设计是极其重要的。逻辑加密型的 RFID 电子标签内部存储区一般按块分布，并由密钥控制位设置每数据块的安全属性。

2.1.2　传感器

传感器是物联网的神经末梢，是物联网感知世界的终端模块，同时传感器会受到环境恶劣的考验[37]。

1. 传感器技术简介

传感器是许多装备和信息系统必备的信息获取单元，用来采集物理世界的信息。传感器实现最初信息的检测、交替和捕获。传感器技术的发展体现在三个方面：感知信息、智能化和网络化。

传感器技术涉及传感信息获取、信息处理和识别的规划设计、开发、制造、测试、应用及评价改进活动等内容，是从自然信源获取信息并对获取的信息进行处理、变换、识别的一门多学科交叉的技术。

如图 2-4 所示，传感器网络节点的组成和功能包括如下四个基本单元：感知单元、处理单元、通信单元以及电源部分。还可以选择加入如定位系统、运动系统以及发电装置等其他功能单元。

电源为传感器正常工作提供电能。感知单元用于感知、获取外界的信息，并将其转换成数字信号。处理单元主要用于协调节点内各功能模块的工作。通信单元负责与外界通信。

2. 传感器的分类

传感器可根据不同分类方法进行分类，如下所示。

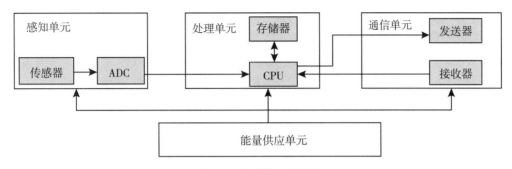

图 2-4 传感器节点结构

(1)按所属学科，可分为物理型、化学型、生物型传感器。物理型传感器是利用各种物理效应，把被测量参数转换成可处理的物理量参数；化学型传感器是利用化学反应，把被测量参数转换成可处理的物理量参数；生物型传感器是利用生物效应及机体部分组织、微生物，把被测量参数转换为可处理的物理量参数。

(2)按传感器转换过程中的物理机理，可分为结构型和物性型传感器。结构型传感器是依靠传感器结构(如形状、尺寸等)参数变化，利用某些物理规律引起参量变化并被测量，将其转换为电信号实现检测(如电容式压力传感器，当压力作用在电容式敏感元件的动极板上时，引起电容间隙的变化而导致电容值变化，从而实现对压力的测量)。物性型传感器是利用传感器的材料本身物理特性变化实现信号的检测(包括压电、热电、光电、生物、化学等，如利用具有压电特性的石英晶体材料制成的压电式传感器)。

(3)按能量关系，可分为能量转换型和能量控制型传感器。能量转换型传感器是直接利用被测量信号的能量转换为输出量的能量。能量控制型传感器是由外部供给传感器能量，而由被测量信号来控制输出的能量，相当于对被测信号能量放大。

(4)根据作用原理，可分为应变式、电容式、压电式、热电式、电感式、电容式、光电式、霍尔式、微波式、激光式、超声式、光纤式、生物式及核辐射式传感器等。

(5)根据功能用途，可分为温度、湿度、压力、流量、重量、位移、速度、加速度、力、热、磁、光、气、电压、电流、功率传感器等。

(6)根据功能材料，可分为半导体材料、陶瓷材料、金属材料、有机材料、电介质、光纤、膜、超导、拓扑绝缘体等。半导体传感器主要是硅材料，其次是锗、砷化镓、锑化铟、碲化铅、硫化镉等，主要用于制造力敏、热敏、光敏、磁敏、射线敏等传感器。陶瓷传感器材料主要有氧化铁、氧化锡、氧化锌、氧化锆、氧化钛、氧化铝、钛酸钡等，用于制造气敏、湿敏、热敏、红外敏、离子敏等传感器。金属传感器材料主要用在机械传感器和电磁传感器中，用到的材料有铂、铜、铝、金、银、钴合金等。有机材料主要用于力敏、湿度、气体、离子、有机分子传感器等，所用材料有高分子电解质、吸湿树脂、高分子膜、有机半导体聚咪唑、酶膜等。

(7)按输入量，可以分为位移、压力、温度、流量、气体传感器等。

(8)按输出量的形式，可分为模拟式传感器、数字式传感器、膺数字传感器、开关传感器等。模拟式传感器输出量为模拟量；数字式传感器输出量为数字量；膺数字传感器将被测量的信号量转换成频率信号或短周期信号的输出(包括直接或间接转换)；开关传感器，当一个被测量的信号达到某个特定的阈值时，传感器相应地输出一个设定的低电平或高电平信号。

(9)按输出参数，可分为电阻型、电容型、电感型、互感型、电压(电势)型、电流型、电荷型及脉冲(数字)型传感器等。

(10)按照制造工艺，分为集成传感器、薄膜传感器、厚膜传感器、陶瓷传感器等。集成传感器是用标准的生产硅基半导体集成电路的工艺技术制造的，通常将用于初步处理被测信号的部分电路也集成在同一芯片上。薄膜传感器则是通过沉积在介质衬底(基板)上的相应敏感材料的薄膜形成的。使用混合工艺时，同样可将部分电路制造在此基板上。厚膜传感器是利用相应材料的浆料，涂覆在陶瓷基片上制成的，基片通常是 Al_2O_3 制成的，然后进行热处理，使厚膜成形。陶瓷传感器采用标准的陶瓷工艺或其某种变种工艺(溶胶、凝胶等)生产，完成适当的预备性操作之后，已成形的元件在高温中进行烧结。

(11)根据测量对象特性不同，分为物理型、化学型和生物型传感器。物理型传感器是利用被测量物质的某些物理性质发生明显变化的特性制成的。化学型传感器是利用能把化学物质的成分、浓度等化学量转化成电学量的敏感元件制成的。生物型传感器是利用各种生物或生物物质的特性做成的，用以检测与识别生物体内化学成分的传感器。其中，根据湿度传感器的原理，常用的有湿敏电阻和湿敏电容两种，湿敏电阻传感是在基片上覆盖一层用感湿材料制成的膜，当空气中的水蒸气吸附在感湿膜上时，元件的电阻率和电阻值都发生变化，利用这一特性即可测量湿度。湿敏电容传感是用高分子薄膜电容制成的，常用的高分子材料有聚苯乙烯、聚酰亚胺、酪酸醋酸纤维等。当环境湿度发生改变时，湿敏电容的介电常数会发生变化，使其电容量也发生变化，其电容变化量与相对湿度成正比。

压力传感器主要有压电压力传感器、压阻压力传感器、电容式压力传感器、电磁压力传感器、振弦式压力传感器等。压电压力传感器主要基于压电效应(Piezoelectric Effect)，利用电气元件和其他机械把待测的压力转换为电量，再进行测量。主要的压电材料是磷酸二氢胺、酒石酸钾钠、石英、压电陶瓷、铌镁酸压电陶瓷、铌酸盐系压电陶瓷和钛酸钡压电陶瓷等。传感器的敏感元件是用压电的材料制作而成的，而当压电材料受到外力作用的时候，它的表面会形成电荷，电荷通过电荷放大器、测量电路的放大以及变换阻抗以后，就会被转换成与所受到的外力成正比关系的电量输出。它是用来测量力以及可以转换成为力的非电物理量，如加速度和压力。压阻压力传感器主要基于压阻效应(Piezoresistive Effect)。压阻效应是用来描述材料在受到机械式应力下所产生的电阻变化。电容式压力传感器是一种利用电容作为敏感元件，将被测压力转换成电容值改变的压力传感器。电磁压力传感器包括电感压力传感器、霍尔压力传感器、电涡流压力传感器等。振弦式压力传感器的敏感元件是拉紧的钢弦，敏感元件的固有频率与拉紧力的大小有关。弦的长度是固定的，弦的振动频率变化量可用来测算拉力的大小，频率信号经过转换器可以转换为电流信号。

3. 传感器的性能指标

衡量传感器的性能指标包括重复性、线性度、迟滞、稳定性、分辨率、温稳定性、寿命、多种抗干扰能力等。

(1)线性度：传感器的输入/输出之间会存在非线性。传感器的线性度就是输入/输出之间关系曲线偏离直线的程度。

(2)迟滞：传感器在正(输入量增大)、反(输入量减小)行程中输出与输入曲线不相重合时称为迟滞，如磁滞、相变。

(3)重复性：重复性是指传感器在输入按同一方向做全量程连续多次变动时所得特性曲线是否一致的程度。

(4)灵敏度：灵敏度是指传感器输出的变化量与引起改变的输入变化量之比。

(5)分辨率：分辨度是指传感器能检测到的最小的输入变量。

4. 传感器技术应用

传感器的应用领域相当广泛，从茫茫宇宙到浩瀚海洋，几乎每一个项目都离不开各种各样的传感器[38,39]。

1)机械制造

在机械制造中，用距离传感器来检测物体的距离；在工业机器人中，用加速度传感器、位置传感器、速度及压力传感器等来完成机器人需要进行的动作。

2)环境保护

在环境保护中，各种气体报警器、气体成分控测仪、空气净化器等设备，用于易燃、易爆、有毒气体的报警等，有效防止火灾、爆炸等事故的发生，确保环境清新、安全。采用汽车尾气催化剂和尾气传感器，解决汽车燃烧汽油所带来的尾气污染问题。

3)医疗卫生

医疗诊断测试用的传感器，尤其是血糖测试传感器占据整体市场的大半部分。血糖测试传感器的市场规模还将以大约每年3%的速度持续扩大。从智能包装传感器来看，食品和一般消费者倾向的医疗护理产品，如应用于检测温度、湿度，以及各种化学物质和气体包装将显著增长。

5. 传感器技术的安全机制

传感器是物联网中感知物体信息的基本单元，同时传感网络比较脆弱，容易受到攻击，如何有效地应对这些攻击，对于传感网络来说十分重要。

1)物理攻击防护

建立有效的物理攻击防护非常重要，如当感知到一个可能的攻击时，就会自销毁，破坏一切数据和密钥。还可以将随机时间延迟加入关键操作过程中，设计多线程处理器，使用具有自测试功能的传感器实现物理攻击的有效防护。

2）密钥管理

密码技术是确保数据完整性、机密性、真实性的安全技术。如何构建与物联网体系架构相适应的密钥管理系统是物联网安全机制面临的重要问题。

物联网管理系统的管理方式有两种，分别为以互联网为中心的集中式管理和以物联网感知为中心的分布式管理。前者将感知互动层接入互联网，通过密钥分配中心与网关节点的交互，实现对物联网感知互动层节点的密钥管理；后者通过分簇实现层次式网络结构管理，这种管理方式比较简单，但是由于对汇聚节点和网关的要求较高，能量消耗大，实现密钥管理所需要的成本也比前者高出很多。

3）数据融合机制

安全的数据融合是保证信息和信息传输安全、准确聚合信息的根本条件。一旦数据融合过程中受到攻击，则最终得到的数据将是无效的，甚至是有害的。因此，数据融合安全十分重要。

安全数据融合的方案可由融合、承诺、证实三个阶段组成。在融合阶段，传感器节点将收集到的数据送往融合节点并通过指定的融合函数生成融合结果，融合结果的生成是在本地进行的，并且传感节点与融合节点共用一个密钥，这样可以检测融合节点收到数据的真实性；融合阶段生成承诺标识，融合器提交数据且融合器将不再被改变；证实阶段通过交互式证明协议主服务器证实融合节点所提交融合结果的正确性。

4）节点防护

节点的安全防护可分为内部节点之间的安全防护、节点外部安全防护以及消息安全防护。节点的安全防护可通过鉴权技术实现。首先是基于密码算法的内部节点之间的鉴别，共用密钥的节点可以实现相互鉴别；其次是节点对用户的鉴别，属于节点外部的安全防护，用户是使用物联网感知互动层收集数据的实体，当其访问物联网感知互动层并发送收集数据请求时，需要通过感知互动层的鉴别；最后，由于感知互动层的信息易被篡改，因此需要消息鉴别来实现信息的安全防护，其中消息鉴别主要包括点对点的消息鉴别和广播的消息鉴别[40,41]。

5）安全路由

路由的安全威胁主要表现在物联网中不同结构网络在连接认证过程中会遇到 DoS、异步等攻击，以及单个路由节点在面对海量数据传输时，由于节点的性能原因，很有可能造成数据阻塞和丢失，同时也容易被监听控制。其中运用到的安全技术主要有认证与加密技术、安全路由协议、入侵检测与防御技术、数据安全和隐私保护。可信分簇路由协议，即 TLEACH（Trust Low-Energy Adaptive Clustering Hierarchy）协议，是一个信任管理模块和一个基于信任路由模块的有机整合，其中信任管理模块负责建立传感器节点之间的信任关系；基于信任的路由模块具有和基本 TLEACH 协议相同的簇头选举算法和工作阶段，通过增加基于信任的路由决策机制来提供更加安全的路由。

建立在地理路由之上的安全 TRANS 协议包括信任路由和不安全位置避免两个模块，

信任路由模块安装在汇聚节点和感知节点上，不安全位置避免模块仅安装在汇聚节点上。

6. 超材料传感新技术

超材料(Metamaterial)是人造电磁材料，由一些周期性排列的材料组成，可显著提高传感器的灵敏度和分辨率，实现基于传统材料传感器难以实现的功能，在传感器设计方面开启新的篇章。

(1)基于超材料的生物传感技术具有无标签生物分子检测等优势，分为三种类型，即微波生物传感器、太赫兹生物传感器和等离子体生物传感器。

微波生物传感器；基于开口谐振环(SRR)阵列可以实现有效磁导率为负，且响应电磁波频率在微波段。有学者提出基于SRR的生物传感器，其具有较小的尺寸可以用来检测生物分子是否出现粘连。

太赫兹生物传感器：在太赫兹频段感应样品复杂的介电特性有优势，通过探测分子或声子共振对小分子化合物的共振吸收，可以直接识别化学或生物化学分子的组成。

等离子体生物传感器：表面等离子体对于衰减场的穿透深度内的电介质的折射率非常敏感，可用于开发无标记等离子体生物传感器，用于检测和调查目标与金属表面上相应受体之间的结合情况。以超材料为基础的等离子体生物传感器能进一步提高灵敏度，采用以玻璃为基底的平行金纳米级材料，将大量金纳米棒镀在薄膜多孔氧化铝模板上，形成约 $2cm^2$ 的平行纳米棒阵列超材料结构。

(2)超材料薄膜传感器：利用电磁波与薄膜样本物质之间的相互作用，在整个化学和生物学过程中提供重要信息。超材料薄膜传感器谐振频率可调谐，容易实现高灵敏度化学或生物薄膜检测。超材料薄膜传感器分为微波薄膜传感器、太赫兹薄膜传感器和等离子体薄膜传感器。

微波薄膜传感器：为了感应微量的样品物质，薄膜传感器在微波频段响应敏感。有学者提出将尖端SRR超材料作为薄膜传感器来减小器件的尺寸和谐振频率以及改善Q因子。为了进一步提高电场分布，有人提出具有尖锐尖端的矩形尖端形状的aDSR，可以在较小体积时提供非常高的灵敏度。

太赫兹薄膜传感器：许多材料在太赫兹频段表现出的独特性质，可以实现新的化学和生物薄膜检测方式，提高灵敏度。波导传感器可以通过增加有效的相互作用长度来对水薄膜进行感测。为了进一步提高灵敏度，超材料已经成为高度敏感的化学或生物薄膜检测的候选对象，可以通过设计调整谐振频率响应。

等离子体薄膜传感器：在SRR阵列上施加不同厚度的薄介电层时，薄膜传感器在多谐振反射光谱中显示出每个谐振模式的不同感应行为。低阶模式具有更高的灵敏度，高阶模式呈现了具有微米级检测长度的可调节灵敏度，以允许细胞内的生物检测。可以利用较低的模式来检测小目标和大分子，包括抗体—抗原的相互作用以及细胞膜上的大分子识别，以获得优异的灵敏度以及降低来自电介质环境的噪声。高阶模式检测由于微米级别的检测长度更远，且是无标记的方式，有助于探索活细胞器和细胞内的生物特性。等离子体薄膜传感器可用于分析寄生细胞之间相互作用，是一种无标记生物成像传感器。

（3）超材料无线应变传感器：超材料无线应变传感器可以实现远程实时测量材料的强度，可更好地了解瞬时结构参数，如在地震前后。超材料无线传感器可实时测量飞行器部件的抗弯强度、监测骨折后骨头的愈合过程。

基于超材料的无线应变传感器具有更高品质因数以及调制深度，使得超材料非常适合遥测传感应用。超材料结果可以实现更高的谐振频率偏移，从而提高灵敏度和线性度。

其他超材料传感器：超材料也可以应用于其他领域，有研究者提出一种高度敏感的太赫兹表面波传感器，由周期性的金属超材料组成用于近场光谱学和传感应用程序。

超材料在传感领域的应用为发展新一代的传感技术提供了新的机遇。超材料可以改善传感器的机械特性、光学特性和电磁特性，基于超材料的传感器正朝着单分子生物传感器和高通量传感器阵列方向发展。太赫兹、可见光和红外线领域对超材料的电磁响应可以在安全成像、遥感和谐振装置这些领域开启新的篇章。

7. 生物传感器

分析生物的重要方法是采用生物传感器（Biosensor）获取生物数据，生物传感器技术，涉及生物化学、电化学等多个基础学科。生物相容的生物传感器、生物可控和智能化的传感器将是生物传感器发展的重要方向。生物传感器在医疗、食品工业和环境监测等方面将会有大量应用。

生物传感器概念来源于 Clark 关于酶电极的描述，其中传感器的构成中分子识别元件为具有生物学活性的材料。

在首届世界生物传感器学术大会（BIOSENSORS'90）上将生物传感器定义为生物活性材料与相应的换能器的结合体，能测定特定的生物化学物质的传感器；将能用于生物参量测定但构成中不含生物活性材料的装置称为生物敏（Biosensing）传感器。

《生物传感器和生物电子学》对生物传感器的描述为：生物传感器是一类分析器件，它将一种生物材料（如组织、微生物细胞、细胞器、细胞受体、酶、抗体、核酸等）、生物衍生材料或生物模拟材料，与物理化学传感器或传感微系统密切结合或联系起来，使其具有分析功能。这种换能器或微系统可以是光学的、电化学的、热学的、压电的或磁学的。Turner 教授将它简化定义为：生物传感器是一种精致的分析器件，它结合一种生物的或生物衍生的敏感元件与一支理化换能器（如氧电极、光敏管、场效应管、压电晶体等），能够产生间断或连续的数字电信号，信号强度与被分析物浓度成比例。

2.1.3　能源技术

在物联网中的，物联网的核心设备一般取电方便，由市电加备用电源即可解决。物联网各种感知终端模块也需要能源才能正常工作，在无源 RFID 中，终端工作的能量来自阅读器发射的电磁波，无源 RFID 卡把接收到的电磁波作为自己工作的电能。除了无源方式工作的终端，所有传感器都需要能源才能工作，能源可以从自然环境中获取，如利用太阳能、风能、热能等，但这些方式不太稳定；也可以通过供电为终端模块提供电源，由于终端设备模块取电不方便，尽量采用长寿命、低功耗、超长待机，特别是能在恶劣环境下（如超低温）工作的电池。电池分为原电池（一次电池）和蓄电池（二次电池）。按电池形状进行分类，电池分为扣式电池、方形电池和圆柱形电池。常见的电池有以下几种。

1. 锂原电池

以锂金属为负极体系的原电池，称为锂原电池。锂原电池在能量密度、自放电率、产品维护、适用温度范围、使用寿命等关键指标上，性能均要优于锂离子电池，适合物联网中应用，如井盖、水表、燃气表等场景，锂原电池可以使用数年以上，能够满足长期使用的需求。工作温度范围：$-40 \sim 70℃$。

2. 锂离子电池

锂离子电池是可充电电池，依靠锂离子在正极和负极之间移动来工作。锂离子电池广泛应用于手机、笔记本电脑、电动自行车、电动汽车、小型无人机等。优点是电压高，循环寿命长，可快速充放电。工作温度范围：$-20 \sim 60℃$。

3. 锂聚合物电池

锂聚合物电池是一种采用聚合物作为电解质的锂离子电池。优点是安全性能好，尺寸小，质量小，容量大，内阻小，放电特性好，但成本高。工作温度范围：$-20 \sim 60℃$。

4. 锂亚电池+电容电池

锂亚电池与电容电池并联模式，锂亚电池以微小的电流通过与电容电池的电压差对电容电池充电。对外供电时，电容电池承担绝大部分电流输出，在下一个脉冲到来之前，锂亚电池对电容电池进行补充，往复循环。由于锂亚电池在空载时电压是恒定不变的，电容电池在充满电后电压也是稳定的，放电能力不变，因而采用了电容电池，大大提升了锂亚电池的有效放电容量。工作温度范围：$-10 \sim 70℃$。

5. 锂离子超级电容电池

锂离子超级电容电池是将锂离子二次电池的电极材料，如石墨、钴酸锂、磷酸铁锂和金属氧化物同高比表面活性炭混合形成复合超级电容器。加入锂离子二次电池的电极材料后，复合超级电容器的储能就由高比表面活性炭的表面过程转变为有体相氧化还原反应的参与，这样大幅提升了超级电容器的能量密度，同时还保留了传统超级电容器的高功率和高循环性的特点。锂离子超级电容电池可广泛应用于小型电子设备、电动汽车的车载电源系统等领域。工作温度范围：$-40 \sim 85℃$。锂离子超级电容电池可实现瞬间大电流放电，长寿命储能器件，全密封结构以及宽温度工作范围，适合在恶劣环境下长期使用。

瑞道的磷酸铁锂电池能做到在极端温度$-55 \sim 90℃$环境正常使用，电池被穿透破坏后、在水中等恶劣环境也能正常工作，电池的这些特性都能较好地支持物联网终端设备在恶劣的环境下工作，如北方冬季野外环境、水下环境、地质灾害、泥石流、雪崩等环境下的物联网监测。

2.2 通信组网技术

感知技术负责将数据收集起来，传输层则负责将各类信息进行传递和处理。物联网传输层技术根据距离主要可以分为近距离无线通信技术和远距离无线通信技术(广域网通信技术)。其中，近距离无线通信技术主要包括 RFID、NFC、ZigBee、Bluetooth、Wi-Fi 等，典型应用如智能交通、智能物流等。广域网通信技术一般定义为 LPWAN(低功耗广域网)，典型应用如 LoRa、NB-IoT、BTA-OIT(β 自组网)、2G/3G 蜂窝通信技术、LTE、5G 技术等。

2.2.1 Bluetooth

蓝牙(Bluetooth)技术是由东芝、IBM、Intel、爱立信和诺基亚于 1998 年 5 月共同提出的一种近距离无线数字通信的技术标准。Bluetooth 技术是低功率短距离无线连接技术，能穿透墙壁等障碍，通过统一的无线链路，在各种数字设备之间实现安全、灵活、低成本、小功率的话音和数据通信。其目标是实现最高数据传输速率 1Mb/s(有效传输速度为721kb/s)、最大传输距离为 10m，采用 2.4GHz 的 ISM(Industrial Scientific and Medical)免费频段，不必申请即可使用，在此频段上设立 79 个带宽为 1MHz 的信道，每秒频率切换1600 次，采用扩频技术来实现电波的收发。

Bluetooth 技术是一种短距离无线通信的技术规范，具有体积小、功率低的优势，被广泛应用到各种数字设备中，特别是那些对数据传输速率要求不高的移动设备和便携设备。Bluetooth 技术的特点如下。

(1)全球范围适用。Bluetooth 工作在 2.4GHz 的 ISM 频段，全球大多数国家 ISM 频段的范围是 2.4~2.4835GHz，是免费频段，使用该频段无须向政府职能部门申请许可证。

(2)可同时传输语音和数据。Bluetooth 采用电路交换和分组交换技术，支持一路数据信道、三路语音信道以及异步数据与同步语音同时传输的信道。每个语音信道数据速率为64kb/s，语音信号编码采用脉冲编码调制 PCM 或连续可变斜率增量调制(CVSD)方法。当采用非对称信道传输数据时，速率最高为 721kb/s，反向为 57.6kb/s；当采用对称信道传输数据时，速率最高为 342.6kb/s。Bluetooth 有两种链路类型：同步定向连接(SCO)链路和异步无连接(ACL)链路。

(3)可以建立临时对等连接。根据 Bluetooth 设备在网络中的角色，分为主设备和从设备。主设备是组网连接主动发起请求的 Bluetooth 设备，几个 Bluetooth 设备连接成一个皮网(Piconet，微微网)时，其中只有一个主设备，其余的都为从设备。皮网是 Bluetooth 最基本的一种网络形式，最简单的皮网是一个主设备和一个从设备组成的点对点通信连接。

(4)具有很好的抗干扰能力。在 ISM 频段工作的无线电设备有很多，如无线局域网（WLAN）、家用微波炉等产品，为了很好地抵抗来自这些设备的干扰，Bluetooth 采用跳频方式来扩展频谱，将 2.402~2.48GHz 频段可以分成 79 个频点，相邻频点间隔为 1MHz，Bluetooth 设备在某个频点发送数据之后，再跳到另一个频点发送，而频点的排序是伪随机的，每秒频率可以改变 1600 次，每个频率持续 625μs。

(5)体积小，便于集成。个人移动设备的小体积决定了嵌入其内部的 Bluetooth 模块体积更小。

(6)低功耗。Bluetooth 设备在通信连接状态下有四种工作模式，分别是呼吸模式（Sniff）、激活模式（Active）、保持模式（Hold）、休眠模式（Park）。激活模式是正常的工作状态，另外三种是为了节能所规定的低功耗模式。

(7)开放的接口标准。SIG 为了让 Bluetooth 技术的使用推广开来，将 Bluetooth 的技术标准全部公开，全世界范围内任何单位、个人都可以进行 Bluetooth 产品的开发，只要能通过 SIG 的 Bluetooth 产品兼容性测试，就可以在市场上推广。

(8)成本低。随着市场需求的不断扩大，各个供应商纷纷推出自己的 Bluetooth 芯片和模块，致使 Bluetooth 产品的价格飞速下降。

Bluetooth 技术规定每一对设备之间必须一个为主设备，另一个为从设备，才能进行通信。通信时必须由主设备进行查找，发起配对，建链成功后，双方即可收发数据。理论上，一个 Bluetooth 主设备可同时与 7 个 Bluetooth 从设备进行通信。一个具备 Bluetooth 通信功能的设备，可以在两个角色间切换，平时工作在从模式，等待其他主设备来连接，需要时可转换为主模式，向其他设备发起呼叫。一个 Bluetooth 设备以主模式发起呼叫时，需要知道对方的 Bluetooth 地址、配对密码等信息，配对完成后，可直接发起呼叫。

Bluetooth 主设备发起呼叫，首先是查找，找出周围处于可被查找的 Bluetooth 设备。主设备找到从设备后，需要从设备的 PIN 码才能进行配对，也有设备不需要输入 PIN 码。配对完成后，从 Bluetooth 设备会记录主设备的信息，此时主设备即可向从设备发起呼叫，已配对过的设备，在下次呼叫时，就不必再重新配对。主从两端之间在链路建立成功后即可进行双向的语音或数据通信。在通信状态下，主端和从端设备都可发起断链并断开 Bluetooth 链路。

Bluetooth 数据传输应用中，一对一串口数据通信是最常见的应用之一，在出厂前 Bluetooth 设备就已提前设好两个 Bluetooth 设备之间的配对信息，主端预存了从端设备的 PIN 码、地址等，两端设备加电即自动建链，透明串口传输，无须外围电路干预。一对一应用中从端设备可以设为两种类型，一种是不能被别的 Bluetooth 设备查找的静默状态；另一种是可被指定主端查找以及可以被别的 Bluetooth 设备查找建链的状态。

Bluetooth 系统按照功能分为四个单元：链路控制单元、无线射频单元、Bluetooth 协议单元和链路管理单元。数据和语音的发送和接收主要由无线射频单元负责，Bluetooth 天线具有体积小、质量轻、距离短、功耗低的特点。链路控制单元（Link Controller）进行射频信号与数字或语音信号的相互转化，实现基带协议和其他的底层连接规程。链路管理单元

(Link Manager)负责管理 Bluetooth 设备之间的通信,实现链路的建立、验证、链路配置等操作。Bluetooth 协议是为个人区域内的无线通信制定的协议,包括两部分:核心(Core)部分和协议子集(Profile)部分。协议栈采用分层结构,分别完成的是数据流的过滤、传输、跳频和数据帧传输、连接的建立和释放、链路的控制以及数据的拆装等功能。

2.2.2 ZigBee

物联网技术主要包括无线传感技术和进程通信技术。进程通信技术包括 RFID、Bluetooth、Wi-Fi、ZigBee 等。ZigBee 是无线传感网络的热门技术之一,可以用在建筑物监测、货物跟踪、环境保护等方面。传感器网络要求节点成本低、易于维护、功耗低、能够自动组网、可靠性高。ZigBee 在组网和低功耗方面具有很大优势。

ZigBee 技术是一种短距离、低功耗的无线通信技术,它源于蜜蜂的八字舞,蜜蜂(bee)通过飞翔和"嗡嗡"(zig)抖动翅膀的"舞蹈"来与同伴传递花粉所在的方位信息,ZigBee 协议的方式特点与其类似,便取名为 ZigBee。

ZigBee 技术采用 AES 加密(高级加密系统),严密程度相当于银行卡加密技术的 12 倍,因此其安全性较高。同时,ZigBee 采用蜂巢结构组网,每个设备能通过多个方向与网关通信,从而保障了网络的稳定性;ZigBee 设备还具有无线信号中继功能,可以接力传输通信信息把无线距离传到 1000m 以外。另外,ZigBee 网络容量理论节点为 65300 个,能够满足家庭网络覆盖需求,即便是智能小区、智能楼宇等只需 1 个主机就能实现全面覆盖。ZigBee 还具备双向通信的能力,不仅能发送命令到设备,同时设备也会把执行状态和相关数据反馈回来。ZigBee 采用极低功耗设计,可以全电池供电,理论上一节电池能使用两年以上。

ZigBee 采用 DSSS 技术,具有以下特点。

(1)功耗低。ZigBee Alliance 网站公布,和普通电池相比,ZigBee 产品可使用数月至数年之久。这就决定了那些需要一年甚至更长时间才需更换电池的设备对它的需求。

(2)接入设备多。ZigBee 的解决方案支持每个网络协调器带有 255 个激活节点,多个网络协调器可以连接大型网络。2.4GHz 频段可容纳 16 个通道,每个网络协调器带有 255 个激活节点(Bluetooth 只有 8 个),ZigBee 技术允许在一个网络中包含 4000 多个节点。

(3)成本低。ZigBee 只需要 80C51 之类的处理器以及少量的软件即可实现,无需主机平台。从天线到应用实现只需 1 块芯片即可。而 Bluetooth 需依靠较强大的主处理器(如 ARM7),芯片构架也比较复杂。

(4)传输速率低。ZigBee 的低功率导致了低传输速率,其原始数据吞吐速率在 2.4GHz(10 个频点)频段为 250kb/s,在 915MHz(6 个频点)频段为 40kb/s,在 868MHz(1 个频点)频段为 20kb/s。传输距离为 10~20m。

(5)时延短。ZigBee 的响应速度较快,一般从睡眠转入工作状态只需 15ms,节点连接进入网络只需 30ms,进一步节省了电能。

(6)容量高。ZigBee 可采用星状和网状网络结构,由一个主节点管理若干子节点,一个主节点最多可管理 254 个子节点；同时主节点还可由上一层网络节点管理，最多可组成 65000 个节点的大网。

（7）安全性高。ZigBee 提供了三级安全模式，包括无安全设定、使用接入控制清单（ACL）防止非法获取数据以及采用高级加密标准（AES128）的对称密码，以灵活确定其安全属性。

（8）免执照频段。使用工业科学医疗（ISM）频段，即 915MHz（美国）、868MHz（欧洲）、2.4GHz（全球）。由于三个频带除物理层不同外，其各自信道带宽也是不同的，分别为 0.6MHz、2MHz 和 5MHz，且分别有 1 个、10 个和 16 个信道。这三个频带的扩频和调制方式也是有区别的，扩频都使用的是直接序列扩频（DSSS），但从比特到码片的变换差别较大。调制方式都用了调相技术，而 868MHz 和 915MHz 频段采用的是 BPSK，2.4GHz 频段采用的是 OQPSK。

2.2.3 NFC

NFC（Near Field Communication）近场通信技术，又称近距离无线通信，是一种短距离（小于 10cm）的电子设备之间非接触式点对点数据传输和交换的高频无线通信技术。NFC 是在非接触式射频识别（RFID）和互联网技术的基础上演变而来的，向下兼容 RFID，最早由 Sony 和 Philips 各自开发成功，主要用于手机等手持设备中提供 M2M（Machine to Machine）的通信。NFC 让消费者简单直观地交换信息、访问内容与服务，自 2003 年问世以来，就凭借其出色的安全以及使用方便的特性得到众多企业的青睐与支持。

NFC 作为一种逻辑连接器，可以在设备上迅速实现无线通信，将具备 NFC 功能的两个设备靠近，NFC 便能够进行无线配置并初始化其他无线协议，如 Bluetooth、IEEE 802.11，从而可以进行近距离通信或数据的传输。NFC 可用于数据交换，传输距离较短、传输创建速度较快、传输速度快、功耗低。NFC 与 Bluetooth 的功能非常相像，都是短程通信技术，经常被集成到移动电话上。NFC 不需要复杂的设置程序，具有简化版 Bluetooth 的功能。NFC 的数据传输速度有 106kb/s、212kb/s、424kb/s 三种，远小于 Bluetooth V2.1（2.1Mb/s）。

2.2.4 IEEE 802.11ah

以 IEEE 802.11 为前缀的是无线局域网络标准，后跟用于区分各自属性的一个或者两个字母。美国电气和电子工程师协会（IEEE）应无缝互联的应用需求提出 802.11ah 标准，实现低功耗、长距离无线区域网络连接，需要采用 1GHz 以下频段，有效地改善了 Wi-Fi 信号易受建筑物阻挡而影响传输距离和覆盖范围的弊病。

IEEE 最初制定的一个无线局域网标准就是 802.11，这也是第一个被国际认可的在无线局域网领域内的协议，主要用于解决校园网和办公室局域网中用户和用户终端的无线接入，业务主要限于数据存取，速率最高只能达到 2Mb/s。由于 802.11 在速率和传输距离上不能满足人们的需要，因此 IEEE 小组又相继推出了在技术上主要差别在于 MAC 子层和物理层 802.11a、802.11b 等许多新标准。

从 1997 年第一代 802.11 标准发布以来，Wi-Fi 得到了巨大的发展和普及。在今天，Wi-Fi 成为用户上网的首选方式，在 Wi-Fi 系统发展过程中，每一代 802.11 的标准都在大幅度地提升速率。如 802.11ac 速度能达到 1Gb/s，802.11ac 标准运行在 5GHz 频段，与 2.4GHz 的 802.11n 或 802.11g 相比有更快的速度。802.11ah 标准，理想情况下传输距离可以达到 1km，实现更大的覆盖范围。802.11ah 采用 900MHz 频段，运行速度大大降低，仅能达到 150kb/s 和 18Mb/s 之间的速度，这适合于短时间数据传输的低功率设备，是物联网无线通信可选技术。

1. IEEE 802.11 信道划分

IEEE 802.11 以载波频率为 2.4GHz 频段和 5GHz 频段来划分，在此之上划分成多个子信道。

1）2.4GHz 频段

IEEE 802.11 工作组和国家标准 GB 15629.1102—2003 共同规定，2.4GHz 工作频段为 2.4~2.4835GHz，子信道个数为 12 个且带宽为 22MHz。每个国家各有不同，信道为 1~11 号可供美国使用；欧盟国家为 1~13 号；中国为 1~13 号，如图 2-5 所示。

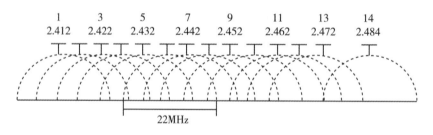

图 2-5　2.4GHz 频段划分

由图 2-5 可知，在 2.4GHz 频段中，大部分频点之间相互重叠，只有三个频点是可同时使用的。

2）5GHz 频段

IEEE 802.11 工作小组在 5GHz 频段上选择了 555MHz 的带宽，共分为三个频段，频率范围分别是 5.150~5.350GHz、5.470~5.725GHz、5.725~5.850GHz。2002 年中国工业和信息化部规定 5.725~5.850GHz 为中国大陆 5.8GHz 频段，信道带宽 20MHz，可用频率 125MHz，总计 5 个信道，如图 2-6 所示。

2012 年工业和信息化部放开 5.150~5.350GHz 的频段资源，用于无线接入系统。新开放的信道为 8 个 20MHz 的带宽。由于 5GHz 频段的 13 个信道是不叠加的，所以这 13 个信道可以在同一个区域内覆盖，后 8 个信道仅可在室内应用中使用，如图 2-7 所示。

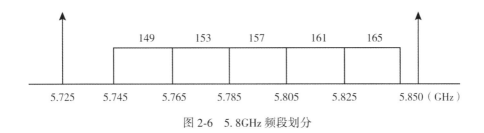

图 2-6　5.8GHz 频段划分

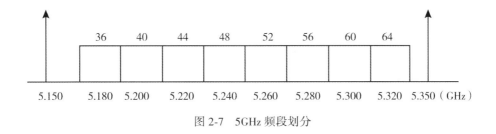

图 2-7　5GHz 频段划分

2. IEEE 802.11ah 频率划分

IEEE 802.11ah 是 1GHz 以下频段的无线局域网标准，支持 1MHz、2MHz、4MHz、8MHz、16MHz 带宽。中国的信道划分从 755MHz 到 787MHz 这一频段，包括 32 个 1MHz、4 个 2MHz、2 个 4MHz、1 个 8MHz 带宽。779~787MHz 频段支持多种带宽，高速率应用占有最高优先级，支持最高 10mW 的发射功率。755~779MHz 频段被分为 24 个 1MHz 带宽的频段，低速率应用占有更高的优先级，支持最高 5mW 的发射功率。

3. 子载波

IEEE 802.11ah 子载波分为 2MHz 以上带宽和 1MHz 带宽系统。对于 2MHz 系统，子载波位置分布是从 IEEE 802.11ac 标准 10 倍降频而来，如 IEEE 802.11ah 中 2MHz、4MHz、8MHz、16MHz 带宽的子载波分布与 IEEE 802.11ac 中 20MHz、40MHz、80MHz、160MHz 带宽下的子载波分布保持一致。而 1MHz 是 IEEE 802.11ah 特有的，采用的是 32 点 IFFT，其中包括 1 个直流分量，5 个保护子载波留空，2 个导频子载波分别位于 ±7 位置，24 个数据子载波，如图 2-8 所示。

4. 物理帧结构

IEEE 802.11ah 定义的物理层汇聚过程（Physical Layer Convergence Procedure，PLCP）协议数据单元（Protocol Data Unit，PDU）PPDU 的结构分为两种：一种是 2MHz 及其以上带宽的发送帧格式，类似 IEEE 802.11ac；另一种是 IEEE 802.11ah 为了提高覆盖范围而提出的 1MHz 带宽发送帧。

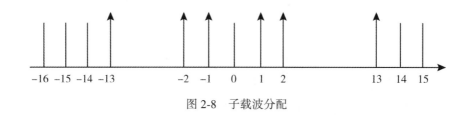

图 2-8　子载波分配

2MHz 带宽的帧格式继承了 IEEE 802.11n 和 IEEE 802.11ac 的物理层帧格式。短训练域(Short Training Field, STF)符号数与 IEEE 802.11n 相同，在每个符号中，STF 占据 12 个非零子载波。长训练域(Long Training Field, LTF)对应了 IEEE 802.11ac 中相同 FFT 长度的甚高速长训练域(VHT-LTF)。信号域 SIG 占据 2 个符号，每个符号采用 Q-BPSK 调制。此模式下 2MHz、4MHz、8MHz、16MHz 带宽下的 STF、LTF、SIG 字段分别对应 IEEE 802.11ac 的 20MHz、40MHz、80MHz、160MHz 带宽下的相应字段。如图 2-9 所示。

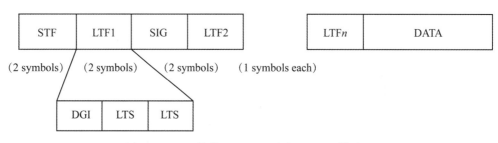

图 2-9　PPDU 结构(2MHz 以及大于 2MHz 模式)

1MHz 带宽下 PPDU 的结构包括 4 个符号的 STF、4 个符号的 LTF、6 个符号的 SIG、$n-1$ 个 LTF、数据域。SIG 强制使用 MCS10 进行调制编码，LTF1 表示第一个长训练域，用于符号定时、信道估计、细频偏估计，LTF2~LTFn 用于多天线的信道估计。每个符号拥有 32 个子载波，FFT 点数为 32。与双倍保护间隔(Double Guard Interval, DGI)加上两个连续 LTS 相比，图 2-10 所示的 LTF1 的格式在图 2-9 所示的 LTF 的基础上增加了 2 个 LTS。

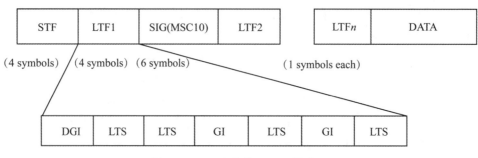

图 2-10　PPDU 结构(1MHz 模式)

802.11 各个版本的性能参数如表2-2所示。

表 2-2   各个版本的 **802.11** 性能参数

协议	发布日期	频带（GHz）	最大传输速度
802.11	1997 年	2.4～2.5	2Mb/s
802.11a	1999 年	5.15～5.35/5.47～5.725/5.725～5.875	54Mb/s
802.11b	1999 年	2.4～2.5	11Mb/s
802.11g	2003 年	2.4～2.5	54Mb/s
802.11n	2009 年	2.4 或者 5	600Mb/s（40MHz×4MIMO）
802.11ac	2011 年 2 月	5	433Mb/s、867Mb/s、1.73Gb/s、3.47Gb/s
802.11ad	2012 年 12 月（草案）	60	最高到 7000Mb/s
802.11ah	2016 年 3 月（定稿）	Sub—1GHz	7.8Mb/s

5. 802.11ah 的应用场景

802.11ah 共定义了三种应用场景，其中第一种场景预计在物联网中将得到大规模应用。

应用场景1：智能抄表（图2-11）。这种场景下，IEEE 802.11ah AP 主要作为末端网络使用，将传感器收集的数据传输到上层网络或应用平台。

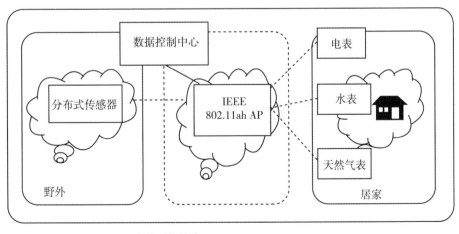

图 2-11 智能抄表应用场景

应用场景 2：智能抄表回传链路(图 2-12)。这种场景下，802.11ah 主要作为回传链路使用，下面接 802.15.4g 等底层网络，将从底层网络得到的数据传输到应用平台。

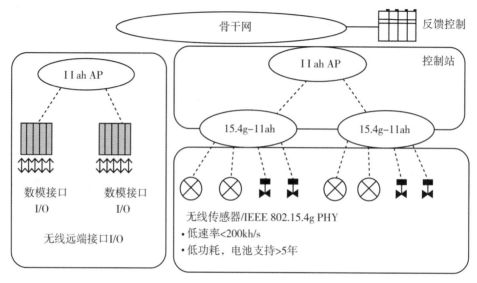

图 2-12 智能抄表回传链路

应用场景 3：Wi-Fi 覆盖扩展(含蜂窝网分流)(图 2-13)。这种场景下，802.11ah 主要扩展 Wi-Fi 热点的覆盖，并能为蜂窝网提供业务分流。

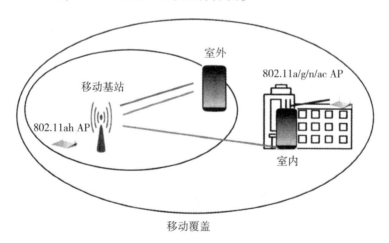

图 2-13 Wi-Fi 覆盖扩展(含蜂窝网分流)应用场景

2.2.5 LoRa

业界预测到 2020 年物联网无线节点达到 500 亿个，由于耗电和成本等方面的问题，无线节点中只有不到10%的使用GSM技术。尽管电信运营商具有建设和管理这样一个大规模网络的最突出的优势，但是需要一个远距离、大容量的系统以巩固在依靠电池供电的无线终端细分市场——无线传感网、智能城市、智能电网、智慧农业、智能家居、安防设备和工业控制等方面的地位。对于物联网来说，只有使用一种广泛的技术，才可能使得电池供电的无线节点数量达到预计的规模。LoRa作为低功耗广域网(LPWAN)的一种长距离通信技术，近些年受到越来越多的关注。

LoRa是LPWAN通信技术中的一种，是美国Semtech公司采用和推广的一种基于扩频技术的超远距离无线传输方案。这一方案改变了以往关于传输距离与功耗的折中考虑方式，为用户提供了一种简单的能实现远距离、长电池寿命、节点容量大的系统，进而扩展了传感网络。目前，LoRa主要在全球免费频段运行，这些频段包括433MHz、868MHz、915MHz等。

LoRa技术具有远距离、窄带低功耗(电池寿命长)、多节点、低成本的特性，适合各种政府网、专网、专业网、个人网等各种应用灵活部署。LoRa网络主要由终端(可内置LoRa模块)、网关(基站)、网络服务器以及应用服务器四部分组成，如图2-14所示。应用数据可双向传输。

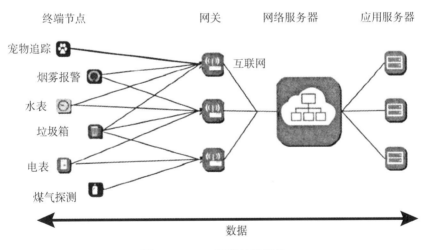

图2-14　LoRa网络体系架构

传输速率、工作频段和网络拓扑结构是影响传感网络特性的三个主要参数。传输速率的选择将影响电池寿命；工作频段的选择要折中考虑频段和系统的设计目标；而在FSK系统中，网络拓扑结构的选择将影响传输距离和系统需要的节点数目。LoRa融合了数字扩频、数字信号处理和前向纠错编码技术，性能较好。

前向纠错编码技术是给待传输数据序列中增加了一些冗余信息，这样数据传输进程中注入的错误码元在接收端就会被及时纠正。这一技术减少了以往创建"自修复"数据包来重发的需求，且在解决由多径衰落引发的突发性误码中表现良好。一旦数据包分组建立起来且注入前向纠错编码以保障可靠性，这些数据包将被送到数字扩频调制器中。这一调制器将分组数据包中每一比特馈入一个"扩展器"中，将每一比特时间划分为众多码片。LoRa 抗噪声能力强。

LoRa 调制解调器经配置后，可划分的范围为 64~4096 码片/比特，最高可使用 4096 码片/比特中的最高扩频因子。相对而言，ZigBee 仅能划分的范围为 10~12 码片/比特。通过使用高扩频因子，LoRa 技术可将小容量数据通过大范围的无线电频谱传输出去。扩频因子越高，越多数据可从噪声中提取出来。在一个运转良好的 GFSK 接收端，8dB 的最小信噪比（SNR）若要可靠地解调出信号，采用配置 AngelBlocks 的方式，LoRa 解调一个信号所需信噪比为 -20dB，GFSK 方式与这一结果差距为 28dB，这相当于范围和距离扩大了很多。在户外环境下，6dB 的差距就可以实现 2 倍于原来的传输距离。

物联网采用 LoRa 技术，才能够以低发射功率获得更广的传输范围和距离，而这种低功耗广域技术方向正是未来降低物联网建设成本、实现万物互联所必需的。

2.2.6　5G

5G 即第五代移动通信技术。在移动通信领域，新的技术每十年就会出现一代，传输速率也不断提升。第一代是模拟技术。第二代实现了数字化语音通信，如 GSM、CDMA。第三代 3G 技术以多媒体通信为特征，标准有 WCDMA、CDMA2000、TI-SCDMA 等。第四代 4G 技术，标志着无线宽带时代的到来，其通信速率也得到大幅度提升。5G 是新一代信息通信方向，5G 实现了从移动互联网向物联网的拓展。由于 5G 的到来，增强现实、虚拟现实、在线游戏和云桌面等设备上的传输速率得到极大提升。从性能角度来说，5G 目标是接近零时延、海量的设备连接，为用户提供的体验也更高。

5G 网络开启了新的频带资源，使用毫米波（26.5~300GHz）以提升速率。之前的毫米波仅在卫星和雷达系统上应用；5G 网络基站是大量小型基站，功耗比现在大型基站低，从布局上来看，基站的天线规模大增，形成阵列，从而提升了移动网络容量，以发送更多的信息；5G 采用网络功能虚拟化（NFV）和软件定义网络（SDN），第一次真正将智慧云和云端处理的有价值的信息传输到智能设备端，手机和计算机的应用水平借力云端获得了更强大的处理能力，而不再局限于设备本身的配置。

2017 年 5 月在杭州举办的国际移动通信标准组织 3GPP 专业会议上，3GPP 正式确认 5G 核心网采用中国移动牵头并联合 26 家公司提出的 SBA 架构（Service-Based Architecture，基于服务的网络架构）作为统一的基础架构。这意味着 5G 借力云端获得了更强大的处理能力，5G 网络真正走向了开放化、服务化、软件化方向，有利于实现 5G 与垂直行业融合。基于服务的网络架构借鉴 IT 领域的"微服务"设计理念，将网络功能定义为多个相对独立、可被灵活调用的服务模块。以此为基础，运营商可以按照业务需求进行灵活定制组网。

顶层设计、无线网设计、核心网设计等是 5G 整体系统的设计，其中顶层设计和核心网设计是主要进行的系统架构的标准项目，对 5G 系统架构、功能、接口关系、流程、漫游、与现有网络共存关系等进行标准化。

芯片商、通信设备商以及电信运营商为了抢占 5G 话语权，都开始布局 5G 技术。3GPP 对 5G 定位是高性能、低时延与高容量，主要体现在毫米波、小基站、Massive MIMO、全双工和波束成形这五大技术上。

1. 毫米波

频谱资源随着无线网络设备数量的增加，其稀缺的问题日渐突出，目前采用的措施是在狭窄的频谱上共享有限的带宽，对用户的体验不佳。提高无线传输速率方法有增加频谱利用率和增加频谱带宽两种方法。5G 使用毫米波（26.5～300GHz）增加频谱带宽，提升了速率，其中 28GHz 频段可用频谱带宽为 1GHz，60GHz 频段每个信道的可用信号带宽则为 2GHz。5G 开启了新的频带资源，之前，毫米波仅用在卫星和雷达系统上，毫米波最大的缺点就是穿透力差，为了让毫米波频段下的 5G 通信在高楼林立的环境下传输，采用小基站来解决这一问题。

2. 小基站

毫米波具有穿透力差、在空气中的衰减大、频率高、波长短、绕射能力差等特点，由于波长短，其天线尺寸小，这是部署小基站的基础。未来 5G 移动通信将采用大量的小型基站来覆盖各个角落。小基站的体积小，功耗低，部署密度高。

3. MIMO 技术

5G 基站拥有大量采用 Massive MIMO 技术的天线。4G 基站有十几根天线，5G 基站可以支持上百根天线，这些天线通过 Massive MIMO 技术形成大规模天线阵列，基站可以同时发送和接收更多用户的信号，从而将移动网络的容量提升数十倍。MIMO（Multiple-Input Multiple-Output）即多输入多输出，这种技术已经在一些 4G 基站上得到应用。传统系统使用时域或频域为不同用户之间实现资源共享，Massive MIMO 导入了空间域（Spatial Domain）的途径，开启了无线通信的新方向，在基地台采用大量的天线并进行同步处理，同时在频谱效益与能源效率方面取得几十倍的增益。

4. 波束成形

基于 Massive MIMO 的天线阵列集成了大量天线，通过给这些天线发送不同相位的信号，这些天线发射的电磁波在空间互相干涉叠加，形成一个空间上较窄的波束，这样有限的能量都集中在特定方向上进行传输，不仅传输距离更远，而且还避免信号的相互干扰，这种将无线信号（电磁波）按特定方向传播的技术叫作波束成形（Beamforming）或波束赋形。波束成形技术不仅可以提升频谱利用率，而且通过多个天线可以发送更多的信息；还可以通过信号处理算法计算出信号传输的最佳路径，确定移动终端的位置。

5. 全双工技术

全双工技术是指设备使用相同的时间、相同的频率资源同时发射和接收信号，即通信上、下行可以在相同时间使用相同的频率，在同一信道上同时接收和发送信号，频谱效率得到很大的提升。

从 1G 到 2G，移动通信技术实现了从模拟到数字的转变，在语音业务基础上，增加了支持低速数据业务。从 2G 到 3G，数据传输能力得到显著提升，峰值速率最高可达数十兆比特每秒，完全可以支持视频电话等移动多媒体业务。4G 比 3G 又提升一个数量级的传输能力，峰值速率可达 100Mb/s ~ 1Gb/s。5G 采用全新的网络架构，提供峰值 10Gb/s 以上的带宽，用户体验速率可稳定在 1~2Gb/s。5G 还具备低时延和超高密度连接两个优势。低时延，意味着不仅上行、下行传输速率会更快，等待数据传输开始的响应时间也会大幅缩短。超高密度连接，解决人员密集、流量需求大的区域的用户需求，让用户在这种环境下也能享受到高速网络。5G 支持虚拟现实等业务体验，连接数密度可达 100 万个/km^2，有效支持海量物联网设备接入；流量密度可达 10(Mb/s)/n^2，支持未来千倍以上移动业务流量增长。

移动通信不但要满足日常的语音与短信业务，而且要提供强大的数据接入服务。5G 技术的发展可以给客户带来高速度、高兼容性。5G 支持的典型高速率、低时延业务有以下两种。

(1)虚拟现实(VR)、增强现实(AR)。消费者在体验 VR 业务时会感到眩晕，眩晕在一定程度上是因为时延导致的，5G 时延极短，所以会减轻由时延带来的眩晕感，可以解决 VR 业务眩晕感。

(2)无人驾驶。5G 的低时延对无人驾驶非常重要。5G 具有更低的时延决定了驾驶系统能在更短的时间内对突发情况做出快速反应。例如，当车速达到 120km/h 时，前后车的动作只有 15ms 的时差，需要在这 15ms 内做出足够快的响应(传感器监测环境传输数据，控制器接收数据进行计算，执行器开始执行)，5G 的时延是 1ms，接近实时反应。

2.2.7 NB-IoT

NB-IoT(Narrow Band Internet of Things)是 IoT 领域基于蜂窝的窄带物联网的技术，支持低功耗设备在广域网的蜂窝数据连接，是一种低功耗广域网(LPWAN)。NB-IoT 只需要 180kHz 的频段，可直接部署于 GSM 网络、UMTS 网络或 LTE 网络中。特点是覆盖广、速率低、成本低、连接数量多、功耗低等。由于 NB-IoT 使用的授权 License 频段，因此可以采取带内、保护带或独立载波这三种部署方式。

1. NB-IoT 技术特点

1)多链接

在同一基站的情况下，NB-IoT 能提供 50~100 倍的 2G/3G/4G 的接入数。一个扇区能够支持 10 万个连接，支持延时不敏感业务，具有设备成本低、设备功耗低等优势。如目前运营商给家庭中每个路由器仅开放 8~16 个接入口，一个家庭中通常有多部笔记本、手机以及其他联网电器等，未来实现全屋智能、安装有上百种传感器的智能设备物联网就需要新的技术方案，NB-IoT 多连接可以轻松解决未来智慧家庭中大量设备联网需求。

2）广覆盖

NB-IoT 比 LTE 提升 20dB 增益的室内覆盖能力，相当于提升了 100 倍覆盖区域能力。如可以满足农村的广覆盖以及地下车库、厂区、井盖等深度覆盖需求。例如井盖监测，GPRS 的方式需要伸出一根天线，极易损坏来往车辆，采用 NB-IoT 就可以轻松解决这个问题。

3）低功耗

物联网得以广泛应用的一项重要指标是低功耗，尤其是一些如安置于高山荒野偏远地区等场合中的各类传感监测设备，经常更换电池或充电是不现实的，不更换电池的情况下工作几年是最基本的需求。NB-IoT 聚焦小数据量、小速率的应用，因此 NB-IoT 设备功耗小，设备续航可达到几年。

4）低成本

NB-IoT 利用运营商已有的网络，无需重新建网，射频和天线基本上是复用，如运营商现有频带中空出一部分 2G 频段，就可以直接进行 LTE 和 NB-IoT 的同时部署。

目前 NB-IoT 模组仍然稍昂贵；另外，物联网的很多场景无需更换 NB-IoT，仅需近场通信或者通过有线方式便可完成。

NB-IoT 上行采用 SC-FDMA，下行采用 OFDMA，支持半双工，具有单独的同步信号。其设备消耗的能量与数据量或速率有关，单位时间内发出数据包的大小决定了功耗的大小。NB-IoT 可以让设备时时在线，通过减少不必要的信令达到省电目的。

2. NB-IoT 的网络结构

1）核心网

蜂窝物联网（CIoT）在 EPS（Evolved Packet System）演进分组系统定义了两种优化方案：CIoT EPS 用户面功能优化（User Plane CIoT EPS optimisation）和 CIoT EPS 控制面功能优化（Control Plane CIoT EPS optimisation），旨在将物联网数据发送给应用，如图 2-15 所示。

图 2-15 中，CIoT EPS 控制面功能优化方案用实线表示，CIoT EPS 用户面功能优化方案用虚线表示。对于 CIoT EPS 控制面功能优化，上行数据从 eNB（CIoT RAN）传送至MME，可以通过 SGW 传送到 PGW 再传送到应用服务器，或者通过 SCEF（Service Capability Exposure Function）连接到应用服务器（CIoT Services），后者仅支持非 IP 数据传送。下行数据传送路径也有对应的两条。此方案数据包直接用信令去发送，不需建立数据链接，因此适合非频发的小数据包传送。SCEF 是用于在控制面上传送非 IP 数据包，专为NB-IoT 设计引入的，同时也为鉴权等网络服务提供了一个抽象的接口。对于 CIoT EPS 用户面功能优化，物联网数据传送方式和传统数据流量一样，在无线承载链路上发送数据，

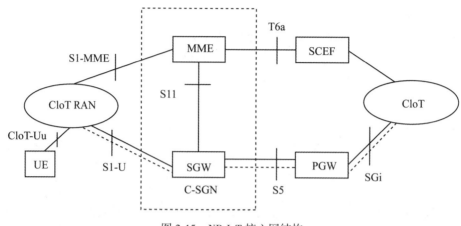

图 2-15　NB-IoT 核心网结构

由 SGW 传送到 PGW 再到应用服务器。这种方案在建立连接时会产生额外的开销,但数据包序列传送更快,也支持 IP 数据和非 IP 数据传送。

2)接入网

如图 2-16 所示,NB-IoT 的接入网构架与 LTE 一样。

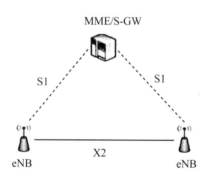

图 2-16　NB-IoT 接入网构架

eNB 通过 S1 接口连接到 MME/S-GW,接口上传送的是 NB-IoT 数据和消息。NB-IoT 没有定义切换,但在两个 eNB 之间依然有 X2 接口,X2 接口能使 UE 在进入空闲状态后,快速启动 resume 流程,接入其他 eNB。

3. 工作频段

全球大多数运营商部署 NB-IoT 使用的是 900MHz 频段,也有些运营商用的是在 800MHz 频段内。如表 2-3 所示,中国联通的 NB-IoT 部署在 900MHz、1800MHz 频段。中国移动为建设 NB-IoT 物联网,将会获得 FDD 牌照,并允许重耕现有的 900MHz、

1800MHz 这两个频段。中国电信的 NB-IoT 部署在 800MHz 频段，频宽只有 15MHz。

表 2-3 　　　　　　　　　　　　　　　**NB-IoT 部署频段**

运营商	上行频率（MHz）	下行频率（MHz）	频宽（MHz）
中国联通	900～915	945～960	6
	1745～1765	1840～1860	20
中国移动	890～900	934～944	10
	1725～1735	1820～1830	10
中国电信	825～840	870～885	15
中广移动	700	—	—

4. 部署方式

NB-IoT 占用 180kHz 带宽，与在 LTE 帧结构中一个资源块的带宽相同。如图 2-17 所示，有三种部署方式。

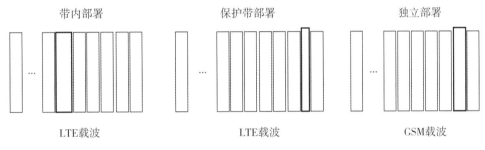

图 2-17　NB-IoT 部署方式

（1）独立部署（Standalone Operation）：

适用于重耕 GSM 频段，GSM 的信道带宽为 200kHz，正好为 NB-IoT 开辟出两边还有 10kHz 的保护间隔 180kHz 带宽的空间。

（2）保护带部署（Guardband Operation）：

利用 LTE 边缘保护频带中未使用 180kHz 带宽的资源块。

（3）带内部署（In-band Operation）：

利用 LTE 载波中间的任何资源块。

NB-IoT 适合运营商部署，为物联网时代带来大数量连接、低功耗、广覆盖的网络解决方案。2016 年，中国联通在 7 个城市（北京、上海、福州、长沙、广州、深圳、银川）启动基于 900MHz、1800MHz 的 NB-IoT 外场规模组网试验，以及 6 个以上业务应用示范；2018 年开始全面推进国家范围内的 NB-IoT 商用部署。中国移动于 2017 年开启 NB-IoT 商用化进程。中国电信于 2017 年部署 NB-IoT 网络。

2.2.8　物联网传输层的安全机制

在物联网网络传输层的安全防护机制方面也有一系列的解决方案和措施。

首先，针对非法截收以及非法访问的攻击，可以采取数据加密的方式解决。在物联网中一般采取信息变换规则将明文信息转换成密文信息的方式进行数据加密，即使攻击者非法获得数据信息，若不了解信息变换规则，这些数据也会变得毫无意义，达不到攻击目的。

针对假冒用户身份的攻击可以通过鉴别的方法解决，通过某种方式使使用者证实自己确是用户自身，来避免冒充和非法访问的安全隐患。鉴别的方法有很多，常用的是消息鉴别，消息鉴别主要是验证消息的来源是否真实，可以有效防止非法冒充；另外，消息鉴别也检验数据的完整性，有效地抵制消息被修改、插入、删除等攻击行为。数字签名也是一种鉴别方法，采用数据交换协议，达到解决伪造、冒充、篡改等问题的目的。

防火墙是最常见的应用型安全技术，它通过监测网络之间的信息交互和访问行为来判定网络是否受到攻击，一旦发现疑似攻击行为，防火墙就会禁止其访问行为，并向用户发送警告。防火墙通过监测进出网络的数据，对网络进行了有效、安全的管理。

非法访问是一种非常常见的攻击类型，访问控制机制是一种确保各种数据不被非法访问的安全防护措施，常用的访问机制是基于角色的访问控制机制，这种访问机制一旦被使用，可访问的资源十分有限。基于属性的访问控制机制是由主体、资源、环境等属性协商生成的访问决策，访问者发送的访问请求后需要访问决策来决定是否同意访问，是基于属性的访问机制。这种访问机制对较少的属性来说，加密、解密效率极高，但密文长度随着属性的增多而加长，其加密、解密的效率也降低。

2.3　应用服务技术

2.3.1　云计算

云计算是一种基于互联网的计算方式，利用这种方式，远程用户计算机等设备终端可以共享基于互联网的软硬件资源和信息。继大型计算机到客户端/服务器的大转变之后，云计算是又一次巨变，同时也是互联网信息时代基础设施与应用服务模式的重要形态，也是新一代信息技术集约化使用的趋势。

狭义的云，是指通过互联网以按需的方式获得所需要的资源，是 IT 基础设施的扩展使用模式。提供资源的网络称为云，从互联网用户角度看，云中的资源是可以无限扩展的，并且可以随时获取，按需使用，按使用缴费。

广义的云，是指厂商通过建立网络服务器集群，向各种不同类型客户提供在线软件服务、计算分析硬件租赁、数据存储等不同类型的服务。

目前，人们对信息资源的使用正由计算机主机向云计算过渡。有了云计算，云端可以提供计算功能，所有的操作都可以利用网络完成，用户终端不再需要自身有强大的计算功能。

云计算具有以下重要特征：资源、平台和应用服务，使用户摆脱对具体设备，特别是计算、存储的依赖，专注于创造和体验业务价值；资源聚集与集中管理，实现规模效应与可控质量保障；按需扩展与弹性租赁，降低了信息化成本。

1. 云计算的三种服务层次

按技术特点和应用形式来分，云计算技术可以分为三个层次，如图 2-18 所示。

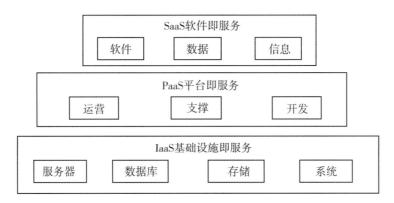

图 2-18   云计算服务模型

1）基础设施即服务（IaaS）

基础设施即服务（Infrastructure as a Service）是指以服务的形式来提供计算资源、存储、网络等基础 IT 架构。通常用户根据自身的需求来购买所需的 IT 资源，并通过 Web Service、Web 界面等方式对 IT 资源进行配置、监控以及管理。IaaS 除了提供 IT 资源外，还在云架构内部实现了负载平衡、错误监控与恢复、灾难备份等保障性功能。

IaaS 通常分为三种用法：公有云、私有云和混合云。Amazon EC2 弹性云在基础设施云中使用的是公共服务器池（公有云）；比较私有化的服务会使用企业内部数据中心的一组私有服务器池（私有云）；若开发软件是在企业数据中心的环境中，则公有云、私有云、混合云这几种类型的云都能使用。

IaaS 允许用户动态申请或释放节点，按使用量来计费。用户可认为能够申请的资源是足够多，因为运行 IaaS 的服务器规模超过几十万台。亚马逊公司是最大的 IaaS 供应商，EC2 允许订购者运行云应用程序。IBM、VMware 和 HP 也是 IaaS 的供应商。

2）平台即服务（PaaS）

平台即服务，将开发环境作为一种服务来提供，是一种分布式的平台服务，厂商将开发环境、服务器平台、硬件资源等作为服务提供给用户。用户在这种平台基础上定制开发自己的应用程序并可以通过这里的服务器和网络传递给其他客户。

如 PaaS 产品 Google App Engine 是由 Python 应用服务群、BigTable 数据库及 GFS 组成的平台,一体化主机服务及可自动升级的在线应用为客户提供服务。在 Google 的基础架构上运行用户编写的应用程序就可以为互联网用户提供服务,Google 提供应用运行及维护所需的平台资源。

3)软件即服务(SaaS)

软件即服务,通过互联网提供软件资源的云服务,用户向提供商租用基于 Web 的软件,来管理企业经营活动,从而无需购买软件。SaaS 解决方案具有前期成本低、便于维护、可快速展开使用等明显的优势。云计算里的 SaaS 就是通过标准的网络浏览器提供应用软件,在这里通用的办公室桌面办公软件及其相关的数据并非在个人计算机里面,而是储存在云端的主机里,使用网络浏览器通过网络来获得这些软件和数据。

Salesforce.com、Google Docs、Google Apps 等提供 SaaS 服务。

2. 云计算的技术层次

云计算的服务层次主要考虑给客户带来什么,云计算的技术层次则主要从系统属性和设计思想角度来说明云,是对软硬件资源在云计算技术中所充当角色的说明。从云计算技术角度来分,云计算由四部分构成:虚拟化资源、服务管理中间件、物理资源和服务接口,如图 2-19 所示。

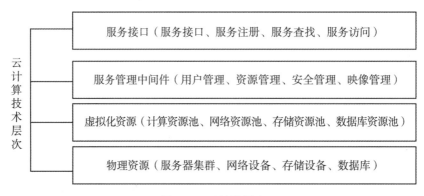

图 2-19　云计算层次

(1)服务接口:统一规范云计算时代使用计算机的各种标准、各种规则等,是用户端与云端相互交互操作的接口,可以完成用户或服务的注册。

(2)服务管理中间件:中间件位于服务和服务器集群之间,是提供管理和服务的管理系统。对标识、认证、授权、目录、安全性等服务进行标准化和操作,为应用系统提供统一的标准化程序接口和协议,隐藏底层硬件、操作系统和网络的异构性,统一管理网络资源。其用户管理包括用户许可、用户身份验证、用户定制管理等;资源管理包括负载均衡、资源监控、故障检测等；安全管理包括身份验证、访问授权、安全审计、综合防护等；映像管理包括映像创建、部署、管理等。

（3）虚拟化资源：指一些可以实现某种操作且具有一定功能，但其本身是虚拟而不是真实的资源，如计算池、存储池和网络池、数据资料库等，通过软件来实现的相关虚拟化功能包括虚拟环境、虚拟系统以及虚拟平台等。

（4）物理资源：主要指可以支持计算机正常运行的一些硬件设备及技术，这些设备可以是客户机、服务器及各种磁盘存储阵列等设备，可以通过现有的网络技术和并行技术、分布式技术等将分散的计算机组成一个集群，成为具有超强功能的用于计算和存储的集群。传统的计算机需要足够大的硬盘、CPU、大容量的内存等，而在云计算时代，本地计算机可以不再需要这些强大的功能，只要一些必要的硬件设备及基本的输入/输出设备即可。

3. 云计算的优点及存在的问题

1）云计算的优点

（1）降低成本。由于用户统计复用云端资源，云端资源不会闲置，从而大幅提升云端资源利用率。综合效果有：降低了 IT 基础设施的建设维护成本，应用建构、运营基于云端的 IT 资源；通过订购 SaaS 软件服务降低软件购买成本；通过虚拟化技术可以提高现有IT 基础设施的利用率；通过动态电源管理等手段，可节省数据中心的能耗。

（2）配置灵活。由于其技术设计的特点，云可以提供灵活资源。用户能够动态地和柔性地分配资源给应用，而不需要额外的硬件和软件，当需求扩大时，用户能够缩减过渡时间，快速扩张；当需求在缩小时，能够避免设备的闲置。用户可以在需要时快速使用云服务，云将更多的服务器分配给需要的工作；在不需要时云可以萎缩或者消失。正是由于这种特点，使得云非常适合间歇性、季节性或者暂时性的工作。主要的应用包括软件开发和测试项目。

（3）速度更快。在速度方面，云计算有潜力让程序员使用免费或者价格低廉的开发制作软件服务，并让其快速面世。这种功能能让企业更加敏捷、反应速度更快，同时能够修改企业级的标准应用和流程。对于那些需要大量 IT 设备的应用，云可以显著地降低采购、交付和安装服务的时间。

（4）潜在的高可靠性、高安全性。信息由专业的团队来管理，数据由先进的数据中心来保存。同时，严格的权限管理策略可以帮助用户放心地与所制定的目标进行数据共享。通过集中式的管理和先进的可靠性保障技术，云计算的可靠性和安全性系数是非常高的。

2）云计算存在的问题

（1）企业将应用从传统开发、部署、维护模式转换到基于云计算平台的模式时，存在成本的转移，转移成本的大小由应用的复杂度、强度、关联度以及团队工作模式的契合度等决定。

（2）人们将数据存储到第三方空间，首先关心的是隐私和数据安全问题，在第三方空间里，人们不知道他们的数据到底存储在哪里，都有谁可以共享他们的数据。甚至一些云计算供应商为了节省成本将他们的服务器下设到不同的国家，这样又会出现新的问题，不可避免地会出现数据保护不周的问题。

4. 物联网与云计算

物联网规模发展到一定程度之后，必然要与云计算相互结合起来，物联网与云计算的结合可以分为如下几个层面。

(1)利用 IT 虚拟化技术，为物联网提供后端支撑平台，以提高物理世界的运行、管理、资源的使用效率等。采用服务器虚拟化、网络虚拟化和存储虚拟化，使服务器与网络之间、网络与存储之间也能够达到资源共享的虚拟化，实现计算能力的有效利用，为各类物联网的应用提供支撑。

(2)基于各类计算资源，建设绿色云计算服务中心，采用软件即服务(SaaS)、平台即服务(PaaS)、基础设施即服务(IaaS)等模式为物联网服务。

(3)物联网、互联网的各种业务与应用逐步融合在云计算中并集成，实现物联网与互联网中的设备、信息、应用和人的广义交互与整合。

云计算将用户和计算、数据中心进行解耦，软件就是服务的商业模式，如 Google、Facebook 等。美国技术和市场调研公司 Forrester Research 发布的商业和技术展望中提出："云计算将比你想象得更快、更飞速地到来，并且将被很少的公司控制。"

2.3.2　大数据

1. 大数据的概念

大数据(Big Data/Mega Data)，是指超大的、几乎不能用现有的数据库管理技术和工具处理的数据集。国际数据公司(International Data Corporation，IDC)在 2012 年"Intel 大数据论坛"提出大数据定义。大数据有如下特征：

(1)Volume：数据量巨大，从 TB 级别跃升到 PB(1PB=1024TB)级别。

(2)Variety：数据种类繁多，来源广泛且格式日渐丰富，涵盖了结构化、半结构化和非结构化数据。

(3)Value：数据价值密度低。举个例子来说，在视频监控中，监控过程连续不间断，但是有用的数据可能只是一两秒钟的画面。

(4)Velocity：处理速度快。不论数据量有多大，都能做到数据的实时处理。与传统的数据挖掘技术相比，在这一点上有着本质的不同。

2. 物联网中的大数据特点

与互联网不同，物联网是在互联网的基础上发展形成的新兴技术，因此对大数据技术也有更高的要求，主要体现在以下几个方面。

1）数据量更加丰富

在物联网这个大的背景下，大数据技术应当不断扩大并丰富它的数据类型和数据量。数据海量性是物联网最主要的特点，基于互联网的数据相关技术所能达到的水平已经远不能承载物联网带来的大规模增长的数据。为了从根本上满足物联网的基本需求，就必须提升大数据相关技术。

2）数据传输速度更快

一方面，物联网的海量数据要求骨干网传输带宽更大；另一方面，由于物联网与真实物理世界直接关联，在很多情况下需要实时访问、控制设备，高数据传输速率才能有效地支持相应的实时性。

3）数据更加多元化

物联网中的数据更加多元化：物联网涉及的应用范围广泛，涉及生活中的方方面面，从智慧物流、智慧城市、智慧交通、商品溯源，到智慧医疗、智能家居、安防监控等都是物联网应用领域；不同领域、不同行业有不同格式的数据。

4）数据更加真实

物联网是真实物理世界与虚拟信息世界的结合，物联网对数据的处理以及基于此进行的决策将直接影响物理世界，因此物联网中数据的真实性就显得尤为重要。

3. 大数据与物联网

1）从物联网看大数据

物联网由感知层、网络层和应用层这三层构成。感知层包括 RFID 等无线通信技术、各类传感器、GPS、智能终端、传感网络等，用于识别物体和采集信息。网络层包括各种通信网络(互联网、电信网等)、信息及处理中心等，主要负责对感知层获取的信息进行传递和处理。应用层主要是基于物联网提供的信息为用户提供相关的应用数据、解决方案。从物联网来看，大数据具有以下特点。

(1)联网的实物大为扩展。由于联网的实物比互联网大大增加，各种实物需要各种各样的传感器，同时这些传感器不停地感知周围的环境数据，使得数据量大大增加。而这些海量数据需要存储、大数据分析以提取重要的信息。

(2)物联网传输网络通过有线、无线通信链路，将传感器终端检测到的数据上传至管理平台，并接收管理平台的数据到各节点。由于数据规模大、种类多，实时性要求不同，就需要有相应的大数据传输技术为应用层提供足够高的可靠承载能力。

2）物联网中的大数据处理技术

通过数据可视化、数据挖掘、数据分析以及数据管理等手段来推动物联网产业在数据智能处理及信息决策上的商业应用，利用大数据分析可以有效增加公司管理、运营的效益。大数据处理技术在物联网中的应用有以下两个方面。

(1)海量数据存储。对物联网产生的大数据进行存储，通常采用分布式集群来实现。传统的数据存储关系数据库就可以满足应用需求，但对物联网产生的海量异构数据，关系数据库则很难做到高效的处理。Google 等提出利用廉价服务群实现并行处理的非关系分布式存储数据库解决方案。

(2)数据分析。数据分析就是用适当的统计分析方法对收集来的海量数据进行分析，提取有用的信息并且形成结论。数据分析可帮助人们作出判断，从而让人们采取适当的行动。

2.3.3　人工智能

人工智能(Artificial Intelligence，AI)是计算机科学的一个分支，它是研究、开发用于模拟、延伸和扩展人的智能的理论、方法、技术及应用系统。它旨在了解智能的实质，并生产出一种能够像人类智能那样以相似的方式作出反应的智能化机器，该领域包括机器人、语言识别、图像识别、自然语言处理和专家系统等。人工智能是对人思维过程的模拟，对规律的应用也只限于人类的认知范围。人工智能不是人的智能，却能够像人那样思考，甚至在速度、广度方面超过人的智能。

1. 人工智能技术

人工智能技术可以包括机器学习、计算机视觉、自然语言处理、智能机器人、虚拟个人助理、实时语音翻译、情境感知计算、手势控制、视觉内容自动识别、推荐引擎等。

1)深度学习

深度学习(Deep Learning)［也称为深度结构学习(Deep Structured Learning)、层次学习(Hierarchical Learning)或者深度机器学习(Deep Machine Learning)］是一类算法集合，是机器学习的一个分支。它尝试为数据的高层次摘要进行建模。AlphaGo 就是深度学习的一个典型案例，AlphaGo 通过不断地学习、更新算法，在 2016 年人机大战中打败围棋大师李世石。人们突然间发现：人工智能的力量已经不容忽视。

深度学习算法使机器人拥有自主学习能力，如 AlphaGo Zero，在不需任何人类指导的情况下，通过全新的强化学习方式使自己成为自己的老师，在围棋领域达到超人类的精通程度。如今，深度学习被广泛地应用于语音、图像、自然语言处理等领域，开始纵深发展，并由此带动了一系列新的产业。

2)计算机视觉

计算机从图像中识别出物体、场景和活动的能力称为计算机视觉。计算机视觉包括医疗成像分析、人脸识别等场景。其中，医疗成像分析被用来提高对疾病的预测、诊断和治疗能力；人脸识别用来自动识别照片里或现实中的人物，如网上支付、人员验证判断服务等。

计算机视觉的基本技术原理：运用图像处理操作以及和其他的技术组合成的序列，将图像分析任务分解为便于管理的小块任务，这就是计算机视觉的基本技术原理。这样可以从图像中检测到物体的边缘及纹理，确定识别到的特征是否能够代表系统已知的一类物体。

3）语音识别

语音识别技术就是将语音转化为文字，并对其进行识别、辨认和处理的一种技术。语音识别目前主要应用于医疗听写、语音书写、计算机系统声控、移动应用、电话客服等方面。

语音识别技术原理如下。

（1）对声音进行处理，使用移动窗函数对声音进行分帧。

（2）声音分帧后，变为很多波形，波形经过声学体征提取，变为状态。

（3）经过特征提取，声音会变成矩阵，再通过音素组合成单词。

4）虚拟个人助理

虚拟个人助理，如 Siri 技术等，其原理如下。

（1）用户对着 Siri 说话后，语音会经过编码、转换形成一个包含用户语音相关信息的压缩数字文件。

（2）语音信号由用户手机转入移动运营商的基站中，再通过通信网发送至用户拥有云计算服务器互联网服务的供应商（ISP）。

（3）通过服务器中的内置模块识别用户刚才说过的内容。

5）自然语言处理

同计算机视觉技术一样，自然语言处理（NPL）也采用了多种技术的融合。语言处理技术基本流程如下：

（1）汉字编码词法分析；

（2）句法分析；

（3）语义分析；

（4）文本生成；

（5）语音识别。

6）智能机器人

智能机器人在生活中逐步普及，如扫地机器人、陪伴机器人等，其核心技术就是人工智能技术。

智能机器人技术原理：人工智能技术把机器视觉、自动规划等认知技术及各种传感器整合到机器人身上，使得机器人拥有判断、决策的能力，能在各种不同的环境中处理不同的任务。智能穿戴设备、智能家电、智能出行或者无人机设备都是如此。

7）引擎推荐

大家在上网时发现网站会根据之前浏览过的页面、搜索过的关键字推送一些相关的网站内容，这其实就是一种引擎推荐。

Google 做免费搜索引擎的目的就是搜集大量的自然搜索数据，丰富其大数据库，为建立人工智能数据库做准备，所以他们宣称自己不是做搜索引擎的。

引擎推荐技术原理：基于用户的行为、属性（用户浏览网站产生的数据），通过算法分析和处理，主动发现用户当前或潜在需求，并主动推送信息给用户。

目前，人工智能技术在医疗、教育、金融、衣食住行等涉及人类生活的各个领域都有发展。

2. 人工智能的影响

（1）人工智能对自然科学的影响。AI 可以帮助我们使用计算机工具解决问题，使得科研效率大为提升。

（2）人工智能对经济的影响。专家系统深入各行各业，带来巨大的收益。AI 对计算机和网络方面的发展也具有促进作用。因为 AI 在科技和工程中的应用，可以代替人类进行各种技术工作的体力和脑力劳动，从而从某种程度上造成社会结构发生剧烈变化。AI 虽然带来大批失业，但也会产生新的 AI 配套职业机会，也会让人从机械重复工作中解放出来，做更重要、层次更高的工作，带来新的产业机会。

（3）人工智能对社会的影响。AI 为我们的生活带来了便利，对各行各业的发展都会起到很大的促进作用。

随着人工智能和智能机器人的不断发展，我们在用未来的眼光开展科研的同时，其涉及的伦理底线问题也是需要考虑的。

3. 人工智能应用

目前，AI 已经渗透到各行各业，经过多种技术的组合，不同领域的商业实践得到改变，掀起了一场智能革命。

腾讯研究院发布的《中美 AI 创投报告》显示了中国 AI 渗透行业，其中位居前两位的分别是医疗行业和汽车行业，第三梯队中包含了教育、制造、交通、电商等实体经济标志性领域。但在各行各业引入人工智能是一个渐进的过程，根据目前人工智能的技术能力和应用热度，以下从六个方面展望人工智能是如何应用的。

1）健康医疗

历史上的每一次的重大技术进步，都会引领医疗保健取得很大的飞跃。如信息革命之后，发明了 CT 扫描仪、微创手术仪器等各种医疗仪器设备。

人工智能在医疗健康领域得到广泛的应用。人工智能对提高健康医疗服务的效率和疾病诊断等方面有得天独厚的优势，使得医疗效率大为提升。医疗诊断的人工智能如基于计算机视觉，通过患者医学影像与疾病数据库里的内容进行对比和深度学习，可以高效地诊断疾病。由于基于计算机技术，可以掌握所有数据库的病例，其能力远超一个资深医师。

2）智慧城市

在人工智能的助力下，智慧城市逐步进入 3.0 版本。城市的能源、交通、供水等各个领域每天都会产生大量数据，而城市运行与发展中的海量数据，可以通过人工智能来提取其中的有效信息，使数据在使用和处理上的有效性增强，对智慧城市而言，是一个新的思路和方法。

如今大量汽车巨头与互联网科技巨头之间已经开展在自动驾驶汽车方面的应用初试，

很多车辆已经实现半自动驾驶。在不久的将来，无人驾驶将会大量普及。

计算机视觉正快速地在智能安防领域得到应用。

3）智能制造

制造从自动化走向智能化：传统的机器人仅仅是数控的机械装置，无法适应环境的变化，与人类的交互成本也非常高，而当前的机器人，其发展方向是智能化方向。对于制造业中小批量、多品种满足人的个性化需求等场景来说，高效率、高精度、能够主动适应的机器人可以提供解决方案，使大规模定制化成为可能。人工智能同时推进智能工厂、智能供应链等相互支撑的智能制造体系的构建。

设计过程、制造过程和制造装备的智能化通过人工智能得以实现，给制造业赋予了新的内涵，效率也得到了极大的提升，对生产和组织模式也带来了颠覆性的变化。

4）智能零售

人工智能对零售行业将会重新定义。在人口红利消失、老龄化加剧的社会大背景下，人工智能让无人零售得到很好的提升，提升了运营效率，降低了运营成本。

人脸识别技术可以为用户带来全新的支付体验。《麻省理工商业评论》发布的"2017 全球十大突破技术"榜单中，中国的"刷脸支付"技术位列其中。基于动态 Wi-Fi 追踪、遍布店内的传感器、视觉设备及处理系统、客流分析系统等技术，特定人群预警、定向营销及服务建议、用户行为及消费分析报告可以被实时输出。人工智能可以帮助零售商简化库存和仓储管理。未来，人工智能将在时间碎片化、信息获取社交化的大背景下，以消费者为核心，建立灵活、便捷的零售场景，极大地提升用户体验。

5）智能服务业

例如，Bot(Build operate transfer)是建立在信息平台上的与我们互动的人工智能虚拟助理。在未来以用户为中心的物联网时代，Bot 会变得越来越智能，成为下一代多元服务的入口和移动搜索。Bot 可以在生活服务领域，以对话的方式提供各式各样的服务，如新闻资讯、网络购物、天气预报、交通查询、翻译等。在专业服务领域，Bot 可以借助专业知识图谱，配合业务场景特性，对用户的行为和需求理解得更准确，从而提供专业的客服咨询。虚拟助理是为了让人类从重复性、可替代的工作中解放出来，去完成如思考、创新、管理等更高阶的工作。

6）智能教育

如基于人工智能的自动评分、个性化教育、语音识别测评等逐步应用于教育领域。人工智能可以为学生量身定制学习支持，形成自适应教育。

4. 人工智能的发展趋势

（1）机器人将在商业场景中成为主流。商业机器人将在以后的特定商业场景中发挥越来越大的潜力。

（2）AI 云服务将成为未来发展趋势。一些 IT 巨头将软硬件开源，争相提供 AI 云服务给第三方，这样在第三方使用自己的平台时数据会留在平台上，而这些数据会是人工智能时代的一座"大金矿"。

（3）辅助驾驶成为 AI 的一个大规模应用。人工智能领域应用之一的无人驾驶由特斯拉首先试用，目前很多汽车都能实现在有司机的情况下半自动驾驶。

（4）人工智能语音交互成主流电视应用。传统的遥控器越来越无法满足人们使用电视的需求，以语音为主的智能搜索和智能互动正在崛起。

（5）智能芯片会有更广泛的应用。AI 应用的主导硬件处理器一直是 GPU（图形处理器），GPU 正在无人驾驶、图像语音识别等人工智能领域迅速扩大市场占比。

第3章 森林火灾智能监测系统网络架构

3.1 概 述

森林资源是森林土地和森林有机体的总称，主要包括森林植物、野生动物和土壤微生物。森林资源是世界上的重要资源之一，是保证生物多样性的基础，对于人类生存具有重要意义。根据联合国粮农组织（Food and Agriculture Organization of the United，FAO）发表的《2015 年全球森林资源评估报告》，1990 年，全球森林面积约 41.28 亿公顷，占全球土地面积的 31.6%；而到 2015 年则变为约 39.97 亿公顷，占全球土地面积的 30.6%。森林面积减少的主要原因有人类活动和自然灾害，包括如伐木、火灾、风倒和其他活动等。此外，大气污染和气候变化都会对森林造成负面影响[42,43]。

我国的资源在一些方面较为贫乏，其中森林资源就是最为稀缺的一种。我国国土面积约 960 万平方千米，约占世界总量的 7%。2010 年，我国人口总量为 13.6 亿，约占世界总人口的 19%，而根据 FAO 的评估报告，我国森林总面积为 2.08 亿公顷，森林面积仅占世界森林总面积的 5%，森林单位蓄积量为世界平均值的 54.2%，约为 $71m^3/hm^2$，森林资源较世界平均水平低。

森林资源减少的原因有各个方面的因素，如人口增长、地方环境因素、政府发展、农业土地开发政策、森林火灾等，其中，森林火灾是造成森林资源直接减少的一个重要原因。森林火灾发生的原因可分为自然原因和人为原因。自然原因，有雷电引起树木燃烧，或炎热干燥的季节，由于强烈的阳光照射，使森林的泥炭或泥炭层高热自燃。人为原因，如燃烧灰堆积、焚烧草地、燃烧牧场和燃烧木炭，及在森林中采暖、烹饪，儿童玩火，夜间道路与火炬照明等用火不小心造成的火源。森林火灾对森林资源造成的损失不可低估，是威胁森林资源的敌人，往往一夜间的火灾就能够将大片茂盛的森林变成灰烬，给国家和人民财产造成巨大损失。而在被森林火灾破坏的区域内，可能导致土壤侵蚀，易发生洪水、干旱和沙漠化灾害，影响农业生产、降低产量。森林火灾烧死、烧伤大量生活在树林中的益鸟、益兽及森林副产品，造成生物链被破坏。如果森林火灾发生在村庄、农田和山区时，房屋、食品、农具和牲畜常常被烧毁、烧死，进而影响了人们的生产和生活。在森林火灾发生的情况下，必须调动大量人员来扑灭火灾，浪费人力和物力，延迟生产，甚至造成人身伤害事故。

3.2　森林火灾智能监测系统需求分析

目前，我国森林防火仍然以人工巡护监测为主，采取的措施主要有宣传和教育、由林场防火总部或其他人员对火灾易发生的关键区域进行检查和管理、成立消防救援队等措施。根据对大多数地方森林防火实际情况的分析，有限的人工巡护人员在对大面积的森林进行巡护时，往往难以做到广泛的巡逻覆盖，而且考虑到林区内大多数道路的路况不好，到达每处巡护点都需要较长的时间，无论是巡逻覆盖面积还是及时性都无法满足当前森林火灾监测的需要。

针对森林火灾的现代监测方法主要包括航空巡护、卫星遥感、红外热成像等宏观监测手段。这些技术方法利用高清摄像头获取图像信息，然后对图像进行特征提取、识别等处理，从而获得需要的监测数据。宏观监测的优点在于可对监测区域连续时间段内的数据变化趋势进行动态分析，获取的图像信息可视性强，监测范围大。同时，系统受外界影响小，可靠性高。但宏观监测也存在一些问题，如获取的信息主要是图像信息，森林火灾监测对图像的分辨率等要求较高，数据的来源和精度要求成为此类监测的一个难题；宏观监测方法受成本和运行轨道等限制，对目标监测区域不能实现 24 小时全天候监测，实时性不能得到可靠保障；宏观监测方法受距离、空中云层厚度及卫星运行轨道等因素的影响，会对采集的森林图像信息带来误差，造成监测数据的精度降低，容易带来决策误判和漏判。

现有的有线网络监测和常见移动通信网络监测手段，如 LTE-FDD，LTE-TDD，WCDMA，TD-SCDMA，GPRS 等，是当前大多数实时监测网络数据采集和传输的主要方法。但对于环境复杂的大面积森林监测区域，往往存在较大范围的信号覆盖盲区，导致无法实现森林目标监测区域网络的有效覆盖和数据的可靠通信。

综上所述，由于森林环境大多地处偏远，面积较大，传统人工巡护监测、卫星等宏观监测以及现有的移动通信网络和通信技术往往难以实现对森林目标监测区域的有效监测。因此，迫切需要一种实时性好、可实现对目标监测区域 24 小时全天候监测、监测数据更丰富直接、运行成本低、覆盖范围广、对火灾定位效果好、数据采集与回收方便的监测手段，以弥补宏观监测的不足，并作为宏观监测的有益补充和辅助性验证，提高森林火灾智能监测判断的准确性和可靠性。

3.3　森林火灾智能监测系统的网络架构

3.3.1　传统物联网监测体系结构

物联网是现代信息技术发展的必然结果，也是信息时代发展的助推器。从其名称"Internet of things(IoT)"，即可看出其包含"物物相连"的意思。物联网技术是传感器技术，无线通信技术，射频识别等技术发展的产物，是互联网技术在智能节点或物体间的扩展延伸，以实现物体间信息的传递。当前，通过与传感技术、智能感知、智能识别及智能算法等技术结合，物联网已广泛应用于各类智能网络中，为工业生产和人民生活的各个领域带来了便利，已成为推动现代信息技术和社会发展的强劲动力[44,45]。

通常将物联网的技术体系结构分为感知层、网络层、应用层三个层次以方便进行系统开发与定义，如图 3-1 所示。

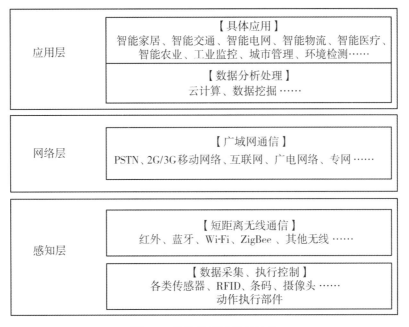

图 3-1 传统物联网体系结构

感知层是物体信息采集的基础和前提，主要是通过传感器技术、二维码、RFID、无线网络通信等技术，对发生的事件或物体自身信息进行采集，包括各种物理量、标识信息、位置信息、语音数据、视频数据等。感知层内部又可分为信息采集和短距离数据通信两部分。信息采集部分，主要利用各类传感器设备实现数据的采集工作，对传感器设备及元件的依赖度较高。短距离无线通信部分，主要利用节点自身携带的无线通信模块完成数据的交互和传输功能，实现节点间的互通。

网络层是物体信息交互的纽带，主要利用现有的通信技术，如 GPRS、2G/3G/4G 移动网络、互联网等，将感知层采集到的信息，以某种网络信息格式可靠、安全、快速地传送到更大范围的网络，实现广域通信。网络层实现了物联网信息的大范围通信，使物联网的网络拓展功能进一步得以实现。物联网的海量数据信息和各类业务，对网络层的传输能力提出更高的要求，同时，也推动了网络技术的不断进步。

应用层是物体自身信息和事件信息的集成、分析、处理、反馈、共享等的集合，最后以人机交互的方式为使用者提供服务，完成物与人的交互。应用层是感知层和网络层功能的最终体现，它将前两层的信息汇总后，统一进行分析、处理，并可将结果反馈回网络节点，实现跨系统、跨应用、跨行业的信息共享与互通，为用户的决策提供支持和保障服务。物联网的应用层业务已涉及各个方面，包括如远程医疗、智能交通、智能家居、智能教育、智能物流、智能电力等。

当前，物联网在应用中存在的问题有以下 4 个方面。

(1) 大多数物联网的应用在某个域内展开，造成许多节点上的传感器或硬件设备的利用率不高，系统资源浪费严重。实现节点上的传感器或其他硬件资源，在不同物联网应用中的资源共享，将大大提高系统资源的利用率。

(2) 目前物联网系统的智能程度不高，仍停留在原始数据的采集处理阶段，应考虑实现更智能化的信息服务，真正实现"物物相息"，为使用者带来更好的用户体验。

(3) 物联网的架构应不受限于协议和标准，兼容多种协议和标准，实现协议的集成与转换。

(4) 物联网中数据没有包含任何聚合的信息，没有统一的格式，仅提供原始的数据，在具体应用时，才完成数据封装及专业化。

3.3.2　基于物联网的森林火灾智能监测系统架构

为了能够对森林资源进行大规模、大范围的全天候实时智能监测，实现当森林某处有火灾或烟雾时自动报警，并可以自动定位火灾位置、查看火灾发生点的实时情况，本章基于物联网技术，将第 1 章中现有的森林火灾监测手段融合，提出一种面向森林火灾的物联网智能监测系统架构，对目标森林监测区域的火灾进行智能监测预警。该系统采用温湿度传感器、风速传感器、图像传感器采集森林监测区域内的温湿度、风速、图像数据，不仅可以实时监测和记录森林资源环境情况，而且还可以利用系统智能机制自动完成森林火灾的识别和报警，辅助森林火灾监测人员完成森林火灾的救援指挥、灾后评估等工作。基于物联网的森林火灾智能监测系统为大范围情况下进行火灾监测与预警提供了一种非常有效的解决方案。

基于物联网的森林火灾智能监测系统自左而右分为三层，包括数据采集层、数据传输层和数据处理层，如图 3-2 所示。

1. 数据采集层

面向森林火灾的物联网智能监测系统的数据采集层由大量的森林火灾物联网节点构成，并将物联网节点采集到的数据与地面巡护、瞭望台监测、航空巡护、卫星遥感、红外热成像、传统视频监测获取的数据进行融合。其中，航空巡护、卫星遥感、红外热成像监测的数据主要用于对大范围森林目标监测区域进行整体监测，动态分析连续时间段内林区监测数据的变化，并结合当地气象信息，提前做出火险可能发生区域的预测判断，属于宏观监测；地面巡护、瞭望台监测、传统视频监测和物联网节点监测主要用于进一步对可能

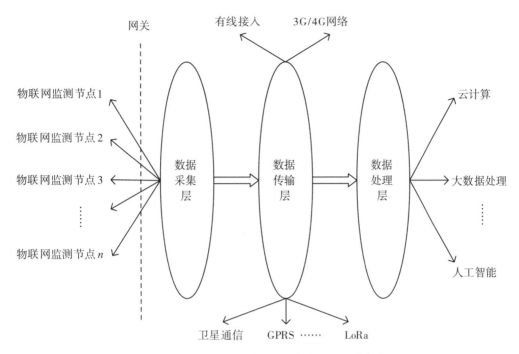

图 3-2 基于物联网的森林火灾智能监测系统架构

发生火险的区域进行确认,及时获取目标区域的各项监测数据,提高火险判断的准确性,属于微观监测。

整个数据采集层负责将物联网中的具体硬件设备转换为可以与程序进行交互的文件设备。其中,网关通过使用特定的协议来接收由底层传递来的数据,并且使用语义对数据进行整合,实现数据的集成。网关设备可以支持 HTTP 或 TCP/IP 协议,通过 API 函数与应用程序实现直接通信,完成设备与应用程序的互通[46,48]。

网关在节点资源受限情况下,为数据在采集节点与应用程序的传输搭建了通道,使数据可以通过网关节点与应用程序实现通信,充当物联网中节点与应用程序的连接桥梁。网关主要功能包括:

(1)连接使用不同协议(例如 MQTT,XMPP 或 CoAP)的节点或硬件到网关设备;

(2)实现网关到外部云服务或为基于其他协议的系统提供接口服务;

(3)实现从节点发送来的数据的语义化,并将数据转发到网关接口。

其优点是传感器数据的语义化,可以使用标准机制和词汇来注释,以利于物联网系统数据的垂直互操作性。第三方使用者可以通过集成这些标记的数据和具有语义的消息接口,进而从原始数据得到更高级的数据。网关设备完成了具体物理层设备与物联网应用程序的隔离作用,同时为应用程序提供了使用硬件设备的接口端点。

2. 数据传输层

面向森林火灾的物联网智能监测系统的数据传输层主要负责将数据采集层获取的数

据，以现有的移动网络或有线网络传输到数据处理层。目前，可供考虑的传输方式主要有[49-54]：3G/4G 移动通信网络，卫星通信，微波通信，GPRS，Wi-Fi，ZigBee，LoRa 和光纤等。

3. 数据处理层

面向森林火灾的物联网智能监测系统的数据处理层主要负责对以不同的数据采集方式得到的各种类型数据，通过云计算、人工智能、大数据处理等方法进行分析、处理，从而得到森林火灾智能监测系统的实时动态监测数据和火灾预警信息等。数据处理层是整个森林火灾智能监测系统的核心，负责将宏观监测和微观监测有机结合，将地面巡护、瞭望台监测、航空巡护、卫星遥感、红外热成像、传统视频监测和物联网节点监测的数据进行融合，从而快速发现火灾隐患，提高系统监测效率，以便人们及时采取救援措施。其主要功能[55-60] 包括以下两大方面。

（1）将通过底层传递来的原始数据信息，使用推导引擎得到更高级的数据，实现管理框架数据并获得新知识的功能。利用获得的高级数据搭建物联网智能系统，为用户提供更好的使用体验。

从底层传递来的原始数据信息，以不同的文件和格式存储，且仅包含数据的来源信息。为了得到更高级的数据，需对这些异构数据使用语义 Web 技术进行规范。这样可以统一数据格式，将物联网数据连接到外部云服务的知识库，并推导得到新的知识，为用户提供建议和辅助。语义 Web 技术使知识谱实现互联，让物联网系统的智能化程度更高。目前，使用较多的是 Linked Open Data（LOD）知识谱。知识谱的使用可以更容易和更自动化地获得信息，是抽象更高级数据的基础。通过规范语义丰富的物联网数据，并经网络连接知识谱，是使物联网智能化的有效途径。

（2）使开发人员能够更轻松、更有意义地在物联网数据上构建大规模的物联网应用程序和服务。该层更接近终端使用，能够使开发人员在智能设备上创建应用程序。同时，大大缩短物联网应用程序的开发过程，降低开发难度，实现快速模型设计和应用程序服务的互操作和互通性。目前，构建物联网应用程序的一些方法包括以下四项。

①一般编程：当前，物联网应用程序开发主要在节点级，开发人员一般使用通用的编程语言（C 语言，C++语言），对某一中间件程序或节点服务程序编程，来实现通信。开发人员更加关注对某一设备的操作。这种方法的优点是，一个高效系统的开发必须是基于对单个设备的完全控制。同时，由于系统节点的异构性，使得物联网应用程序较复杂。

②宏编程：宏编程效率较高，但系统缺乏可重用性和设计平台。

③云平台编程：通过利用基础云平台提供的接口函数编程来实现特定的应用程序功能，从而提高开发效率，降低开发难度。由云平台提供程序实现的基本框架、通用功能、程序逻辑等，同时隐藏部分应用程序不需要关心的内容，从而达到使编程简洁、高效的目的。相比于一般编程，云平台编程具有以下特点：程序的核心在云平台实现，易于部署和

推广，但同时也牺牲了点对点通信，限制了应用程序的部分功能；通过云平台接口函数编程，降低了开发难度；应用程序主要依赖于云平台的可用性，当云平台不能提供服务时，会造成系统瘫痪，不适合一些关键应用场景。

④模型驱动开发：首先将应用程序抽象为一个更高层次的模型，然后通过对该模型的解释，实现将抽象模型转换为应用程序代码的过程。由于模型具有更高层次抽象的特点，因此使用该方法，相比其他编程方法，得到的代码量更少、更精简高效。模型中的一个元素，往往可以代替多行代码，从而在系统运行相同的时间内，应用程序可以实现更多、更复杂的功能。

3.4 基于物联网的森林火灾监测系统关键技术

在 3.3 节提出的基于物联网的森林火灾智能监测系统架构的三个层次，即数据采集层、数据传输层、数据处理层的各层中均包括目前较为主流的一些技术，如数据处理层涉及的数据融合、人工智能，数据传输层涉及的无线传输协议、信道编码、差错控制、数据安全，数据采集层涉及的节点定位、节点覆盖、数据收集等。本书限于研究方向、研究时间和个人精力，主要研究了面向森林火灾的物联网智能监测系统中物联网节点的定位、覆盖、无线网络出现信息"孤岛"情况下的数据收集和数据节能路由问题。

3.4.1 基于物联网的森林火灾监测节点定位技术

在森林火灾智能监测系统中，首要的问题就是针对大范围的目标监测区域，了解森林火灾监测节点的位置信息，以便在火灾发生时，立刻知道火灾点的具体区域和范围，为火灾救援和指挥提供可靠的位置信息。同时，节点位置信息对其他信息的获取也有着重要的意义。

森林火灾监测中物联网节点的定位技术按照是否需要距离信息，可分为基于距离的定位和距离无关的定位两种。基于距离的定位算法根据距离计算方法，又分为测量信号强度、测量信号到达时间、测量信号到达角度、测量信号到达时间差的定位。该方法需要测量的工具或仪器，系统实现起来较复杂，成本较高，在大范围环境或复杂情况下难以全面实施，也不适用于森林环境大规模节点部署情况下的节点定位。距离无关的定位是利用物联网中已知的部分锚节点位置信息和网络中未知节点与锚节点的连通信息等，计算未知节点位置的方法主要有 DV-Hop 算法、APIT 算法、质心算法等。距离无关的定位无需增加测量工具和仪器对距离信息进行测量，系统实现方法简单，运行成本较低，对在大范围复杂环境下的定位具有独特的优势，特别适用于大规模网络环境或大范围复杂环境情况下的节点定位，逐渐成为相关学者研究的热点。本书在第 4 章中对基于物联网的森林火灾监测系统的定位技术进行了详细研究，提出一种基于差分进化的森林物联网节点定位改进算法。

3.4.2 基于物联网的森林火灾监测节点覆盖技术

在森林火灾智能监测系统中，森林火灾监测的物联网节点覆盖率直接关系到在系统锚节点数目受限情况下可监测的范围大小和系统的运行成本，对森林火灾目标监测区域数据采集的精度、火险区域判断的准确度和可靠性也有直接影响。

森林火灾监测节点的覆盖方式根据对监测区域是否已知，可分为随机覆盖和确定性覆盖；根据森林火灾监测节点是否具有再次移动能力，可分为静态覆盖和动态覆盖。确定性覆盖方式中，森林火灾的监测区域为已知环境，网络节点布置依据预先的网络拓扑规划进行，节点设置简单，一般目标监测区域为面积较小的已知环境。随机覆盖方式中，森林火灾的监测区域为未知环境，节点布置采取炮弹投射或飞机播散的方式随机投放，一般针对大范围目标监测区域，该方式更符合实际应用的需求。静态覆盖方式中，森林火灾监测节点为普通的物联网节点，在被部署后就不再移动自身位置。动态覆盖方式中，森林火灾监测节点为具有一定移动能力的履带机器人物联网节点，其被部署后还具有一定的移动能力，从而可接收系统的调整优化指令，达到对覆盖区域进一步优化的目的。本书在第 5 章中对基于物联网的森林火灾监测系统的覆盖技术进行了详细研究，提出一种基于混合差分进化算法的森林火灾监测节点覆盖优化算法。

3.4.3 基于物联网的森林火灾数据收集技术

在森林火灾智能监测系统中，对森林火灾监测节点的数据收集是系统的基本目标，也是对森林火灾目标监测区域进行实时监测能否实现的重要一环。特别是对于随机覆盖方式下，出现的信息"孤岛"，或由于自组网网络中断和瘫痪，导致无法通过网络进行数据收集的情况，数据的收集成为森林火灾智能监测系统中的一个关键问题。

森林火灾监测节点数据收集通常可根据数据接收节点是否是移动的，分为静态数据收集和移动数据收集。静态数据收集中数据接收节点不具有移动性，一般采用森林火灾监测系统中的自组网，将采集节点采集到的数据信息经由网络以多跳方式，发送至接收节点。移动数据收集中数据接收节点具有移动能力，可为带有无线收发能力的小型无人机或履带机器人，一般针对出现上述的信息"孤岛"和自组网网络中断的情况，作为静态数据收集的有益补充而使用。如何寻找一条代价最小的路径，访问每一个森林火灾监测信息"孤岛"节点，并返回到起始点是该问题的关键。本书在第 6 章中对基于物联网的森林火灾监测系统的数据收集进行了详细研究，提出一种基于改进的蚁群优化算法的森林物联网节点数据收集路径优化算法。

3.4.4 基于物联网的森林火灾数据路由技术

在森林火灾智能监测系统中，物联网节点大量地分布在森林中，分布范围广，密度大，从而实现对森林火灾目标监测区域的全范围覆盖。而对于单个节点来说，由于其能量有限，其发射半径较小，因此节点的数据往往通过多跳的形式汇集到汇聚节点，因此路由问题是监测网络中的一个关键问题。

森林火灾监测节点数据路由一般采用森林火灾监测系统中的自组网,将采集节点采集到的数据信息经由网络以多跳方式,发送至接收节点。由于多跳路由中参与节点众多,而节点能量有限,因此如何进行节能路由是路由算法中考虑的关键问题。针对于此,本书在第 7 章中对基于规模网络的森林火灾监测系统的数据路由进行了详细研究,提出一种基于橄榄形转发域的中继节点选择算法,该算法以单位能耗内所传输的最大距离为标准,指导设计节能路由算法,从而有效降低路由过程中的能量损耗。

3.5　小　　结

本章针对森林火灾智能监测系统的应用需求,在传统物联网架构的基础上,提出一种基于物联网的森林火灾智能监测系统架构,并对基于物联网的森林火灾智能监测系统中的关键技术,包括节点定位技术、节点覆盖技术、数据收集、节能路由技术进行了介绍,指明了本书后续章节的研究内容。

第4章 基于物联网的森林火灾监测系统节点定位研究

4.1 概　述

基于物联网的森林火灾智能监测系统,火灾位置的可靠定位是系统功能的关键点,它是森林火灾监测预警系统正常工作的基础。火灾位置的定位可通过森林火灾监测系统节点位置的计算,来进一步确定。节点位置信息还是物联网监测消息中所包含的重要信息,对节点其他信息的获取有着重要的意义。

基于物联网的森林火灾智能监测系统节点定位技术,按照是否需要距离信息可分为无需测距(Range-Free)的定位和基于测距(Range-Based)的定位两种。基于距离的定位算法,一般需要采用测量仪器或工具,对森林火灾监测系统节点间的距离或信号到达角度等采用一定的方法进行准确测量,进而获取定位信息,这类方法常见的有测量信号强度、到达时间差、到达角度或到达时间的定位[61,62]。这类方法的定位结果一般有较高的精度,但由于需要专业的测量仪器或工具,使得定位较为复杂,成本较高,在大范围环境或复杂情况下难以全面实施。因此,不适合解决大范围森林环境中森林火灾监测系统节点定位问题,一般用于小范围情况下的森林火灾监测。距离无关的定位算法通常是依据物联网森林火灾监测系统中节点的连通信息,通过已知的部分锚节点位置信息来估算未知节点的位置信息的方法,此类方法常见的如 DV-Hop 算法、APIT 算法、质心算法等[61,63]。这类方法的优点是定位方法简单,易于部署实现,定位过程中无需其他测量仪器工具,定位成本大大降低,适用于大范围、复杂情况下森林网络环境的节点定位。其定位结果再通过算法优化,符合大部分情况下对定位精度的要求,日益成为森林火灾监测中物联网节点定位技术的焦点[64,65]。

本章基于差分进化(Differential Evolution, DE)算法提出一种改进的 DV-Hop 森林火灾监测系统物联网节点定位算法,该方法使定位算法更充分地利用已知锚节点位置信息,对未知节点定位信息进行修正,在不增加网络其他硬件设备的同时进一步提高定位精度。仿真结果表明,该算法相比于改进前基于差分进化的 DV-Hop 算法具有更好的定位效果。

4.2 森林火灾监测物联网节点定位方法

森林火灾监测系统中物联网节点的定位方法较多，可根据节点所测量的数据、节点连通度或数据处理位置的不同进行区别。节点所测量的数据，在不同的算法中需要测量的数据各有不同，如距离、角度、时间或锚节点信息等，其目的都是通过特定的方法，将其转化成与定位相关的数据，作为定位计算的依据。数据处理位置，分为节点自身处理或是发送至其他处理器处理，最终是将数据通过算法转换为坐标，得到节点的定位信息。目前，常见的分类方法如下[66-73]。

(1)依据是否需要距离信息，分为测距定位算法和非测距定位算法。其中，测距定位算法是直接对计算中需要的距离信息进行测量；非测距定位算法依靠网络连通度等信息获取定位信息，进而对节点进行定位。测距定位算法，实现起来相对简单、直接，但对设备节点硬件要求高，算法的精度较非测距定位算法高，但在大规模网络部署或锚节点稀疏的网络中，由于网络节点本身硬件限制及锚节点无法与定位节点直接通信的原因，往往无法实现。而非测距定位算法由于灵活、高效，只需在网络连通条件下，即可利用相关信息进行定位，较为适合在应急条件，或者危险区域环境部署下的大规模网络定位应用需求。

(2)根据节点连通度，分为单跳定位算法和多跳定位算法。单跳是指未知节点与锚节点间直接连通，多跳是指未知节点与锚节点通过多跳连通。单跳节点定位算法，简单可靠，但可测量范围较小，应用局限性大。多跳定位算法，相对较为复杂，在大规模物联网森林火灾监测环境及锚节点无法与普通节点直接通信情况下应用较多。

(3)依据数据处理位置，分为分布式和集中式定位算法。分布式算法对于定位信息的处理在节点本身进行，是物联网节点在获取数据信息后，利用节点自身的硬件资源进行定位计算，从而大大降低了所需传送的网络数据量。集中式定位算法是物联网节点在获取数据信息后，将其发送至中心节点或者监控中心，对数据集中处理，从而对节点进行定位的方法。相比于分布式算法，集中式定位算法对节点硬件要求低，定位精度高，但由于数据集中在中心节点或者监控中心处理，造成网络信息传递的通信量较大。

4.2.1 基于测距的定位算法

在物联网节点定位的方法中，基于测距的定位方法是最常见的定位方位，一般先通过专业的测量仪器或工具测量距离、角度或时间等信息，而后利用已获得的信息通过数学模型及数学公式计算，得到未知节点的定位信息[74,75]。

1. 距离的测量方法

距离的测量方法中，使用较多的有以下三种：基于时间的方法，又分为基于信号到达时间的方法(Time of Arrival，TOA)和基于信号到达时间差的方法(Time Difference of Arrival，TDOA)；基于信号到达角度的方法(Angle of Arrival，AOA)；基于接收信号强度的方法（Received Signal Strength Indicator，RSSI）。

具体测量方法描述如下。

1）基于时间的方法

（1）基于信号到达时间的方法。

TOA 技术又分为单程测距和双程测距。单程测距适用于节点间共有一个时钟的情况，这种方法可以直接估计节点间的传播时间，如图 4-1 所示。

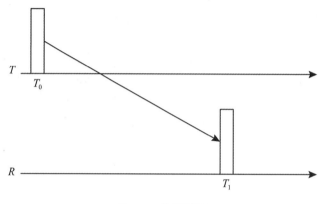

图 4-1　单程测距

T 与 R 两点间的距离：

$$d = v \cdot (T_0 - T_1) \tag{4-1}$$

式中，v 的值有两种，一是无线电传播速度 $v = 3.0 \times 10^8 \mathrm{m/s}$，二是声波的传播速度 $v = 340\mathrm{m/s}$。

双程测距是指收发节点在不可以保证严格的时间同步的情况下，采用信号从发送节点被发送，到被接收节点接收并发射回发送节点的往返时间，来估算节点间的距离的方法。单程测距中，要求两个通信节点之间保证严格的时间同步，否则，将造成较大的误差。优点：测距方法相对简单易行，定位精度高。缺点：①信号计时困难。由于测距时采用无线电信号或声波信号，传播速度快，而在大规模物联网环境下，节点分布较为密集，使得发送节点和接收节点之间的信号传输时间非常短暂，计时困难，容易造成较大误差。②信号同步精度要求高。基于时间的测量方法中，对于接收节点或发送节点一般有严格的同步要求，而这又导致对物联网节点的硬件要求进一步提高。③易受噪声影响。由于信号一般在无线环境中传输，导致信号非常容易受到周围环境噪声的影响，从而影响测距的准确性。

（2）基于信号到达时间差的方法。

TDOA 测距技术是在 TOA 技术的基础上，利用信号到达的时间差进行定位的方法，如图 4-2 所示。它不直接利用信号到达时间，而是利用信号到达的时间差，这样大大降低了对时间同步的要求，在物联网节点定位中，采用三个不同的锚节点可以测到两个 TDOA，未知节点即位于两个 TDOA 决定的双曲线的交点上。TDOA 方法在定位时采用信

号到达的时间差的方法，消去了由于时钟自身带来的误差，因而一般情况下，其定位精度
比 TOA 要高。

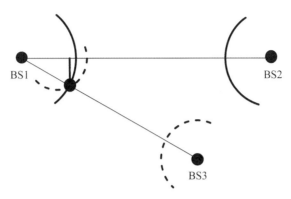

图 4-2　TDOA 方法定位图

2）基于信号到达角度的方法

该方法是利用未知节点发送的信号到达锚节点时的电波入射角，来定位未知节点的方
法。这种方法中，需要使用阵列天线来测量信号的入射角，通过获得两个未知节点信号到
锚节点时的电波信号入射角，然后分别画出未知节点到锚节点的连接直线，利用几何方法
即可由两直线的交点获得未知节点的位置信息，如图 4-3 所示。当未知节点不在两锚节点
的连线上时，由上述两个电波信号入射角即可得到未知节点的位置信息。当未知节点处于
两锚节点连线上时，两条未知节点到锚节点的连接线重合，变为一条线，成为 AOA 方法
的特殊情况，这时则需要两个以上的电波信号入射角才可以得到未知节点的位置信息。

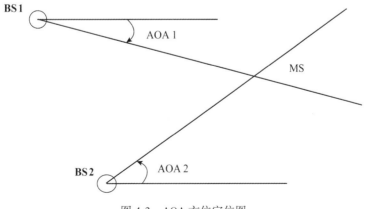

图 4-3　AOA 方位定位图

实践中，未知节点到锚节点的角度测量由于阵列天线的自身误差，周围环境对信号的
散射等因素，给节点的定位带来了误差，且随着未知节点与锚节点距离的增大而增大。

3）基于接收信号强度的方法

由于无线电信号功率在传输的过程中会随着距离的增大而减小，基于信号传播的这一规律，通过测量未知节点处信号的强度，利用信道传输模型和已知的发射信号功率，来计算收发节点间的距离信息，在获得未知节点与多个锚节点之间的距离信息后，即可对未知节点进行定位，这种方法是基于接收信号强度的方法之一，也称为传播模型法。另一种方法是，系统首先保存一些具有标志性意义的位置的信号强度，并将这些信息和未知节点的位置估计结合，从而得到精度更好的定位效果。式（4-2）即为信号在自由空间传播时的传输模型。

$$P_{r(d)} = P_t \cdot G_t \cdot G_r \cdot \left(\frac{\lambda}{4\pi d}\right)^2 \tag{4-2}$$

式中，P_t 表示发射功率；G_t 表示发射增益；G_r 表示接收增益；λ 表示波长。G_t，G_r 由天线自身决定，为已知参数。由式（4-2）可见，在理想情况下，接收功率只与传输距离有关，而与其他无关，且随着距离增大，接收功率变小。

实践时，一般采用式（4-3）简便计算，其中 d_0 表示某一点的参考距离，$P_{r(d_0)}$ 表示在 d_0 处获得的接收信号功率。

$$P_{r(d)} = P_{r(d_0)} \cdot \left(\frac{d_0}{d}\right)^2 \tag{4-3}$$

上述几种方法在实际使用中，各有优势，在一些情况下为了提高定位精度，往往会结合使用[76,77]。图 4-4 是 2009 年统计的上述几种方法在实践中使用的比例图。

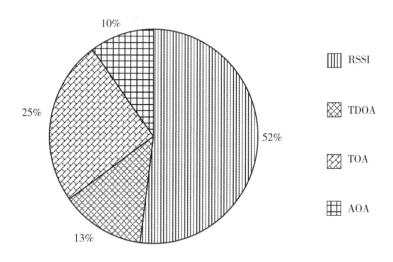

图 4-4　几种定位算法使用比例图

由图 4-4 可见，由于 RSSI 技术简单，无需增加额外的硬件成本，研究该方法的文献数量占到几种测距方法总和的一半以上，其次分别为 TOA 技术，TDOA 技术，AOA 技术。

几种定位算法的比较如表 4-1 所示。

表 4-1　　　　　　　　　　　　　常见定位算法比较表

定位算法	原　　理	优点	缺点
TOA	利用距离公式，由信号在收发节点间的时间，估算未知节点的距离，进而获得未知节点的位置信息	定位精度高	计时困难；信号同步要求高；易受噪声影响
TDOA	TDOA 测距技术是在 TOA 技术的基础上，利用信号到达的时间差来进行定位的方法。它不直接利用信号到达时间，而是利用信号到达的时间差，这样大大降低了时间同步的要求，在物联网节点定位中，采用三个不同的锚节点可以测到两个 TDOA，未知节点即位于两个 TDOA 决定的双曲线的交点上	定位精度高，收发节点不需要同步	接收节点要求同步，且易受多径效应及环境噪声影响
AOA	该方法是利用未知节点发送的信号到达锚节点时的电波入射角，来定位未知节点的方法。这种方法中，需要使用阵列天线来测量信号的入射角，通过获得两个或以上未知点信号到锚节点时的电波信号入射角，然后分别画出未知节点到锚节点的连接直线，利用几何方法即可由两直线的交点获得未知节点的位置信息	定位精度比较高	测量角度需要额外增加阵列天线，导致定位成本偏高
RSSI	由于无线电信号功率在传输的过程中会随着距离的增大而减小，基于信号传播的这一规律，通过测量未知节点处信号的强度，利用信道传输模型和已知的发射信号功率，来计算收发节点间的距离信息，在获得未知节点与多个锚节点之间的距离信息后，即可对未知节点进行定位	易于实现	定位精度不高，容易受到干扰

2. 节点坐标计算方法

在物联网节点定位过程中，当通过上述方法获得锚节点与未知节点的距离或角度信息后，下一步便可以结合如下方法，通过欧式距离、线性方程组或最小二乘法等计算节点位置信息[78,79]。

1）三边测量法

如图 4-5 所示，假设已知三个锚节点 A，B，C 的位置坐标信息以及三个锚节点到未知节点 D 的距离 d_1，d_2，d_3，即可通过欧式距离求得未知节点 D 的坐标，这种方法是一种基于几何计算的定位方法。

具体计算公式如下：

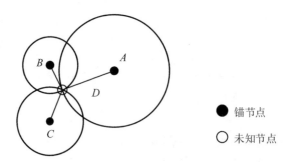

图 4-5　三边测量法原理示意图

● 锚节点

○ 未知节点

$$\begin{cases} \sqrt{(x_1 - x)^2 + (y_1 - y)^2} = d_1 \\ \sqrt{(x_2 - x)^2 + (y_2 - y)^2} = d_2 \\ \sqrt{(x_3 - x)^2 + (y_3 - y)^2} = d_3 \end{cases} \quad (4\text{-}4)$$

则未知节点 D 的坐标为：

$$\begin{pmatrix} x \\ y \end{pmatrix} = \begin{pmatrix} 2(x_1 - x_3) & 2(y_1 - y_3) \\ 2(x_2 - x_3) & 2(y_2 - y_3) \end{pmatrix}^{-1} \begin{pmatrix} x_1^2 - x_3^2 + y_1^2 - y_3^2 + d_3^2 - d_1^2 \\ x_1^2 - x_3^2 + y_2^2 - y_3^2 + d_3^2 - d_2^2 \end{pmatrix} \quad (4\text{-}5)$$

2）三角测量法

如图 4-6 所示，已知锚节点 A，B，C 的坐标和未知节点 D 与锚节点 A，B，C 的角度，通过计算每两个锚节点与未知节点组成的圆心坐标及半径，分别可获得 3 个圆心坐标及其半径，再通过三边测量法，可计算出未知节点 D 的坐标。三角测量法本质上也是一种几何计算定位方法。

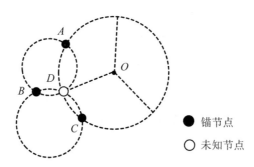

● 锚节点

○ 未知节点

图 4-6　三角测量法原理图

3）极大似然估计法

该方法的原理是，假设已知 n 个锚节点的坐标信息及锚节点到所求节点的距离，首先，可依据距离公式写出这 n 个已知锚节点和所求节点的 n 个距离方程式；然后，用其中

的 $n-1$ 个方程分别减去第 n 个方程，可最终得到 $n-1$ 个方程，联立这 $n-1$ 个方程，并将其表示为线性方程组；最后，采用最小二乘法可以计算出未知节点的坐标。如图 4-7 所示。

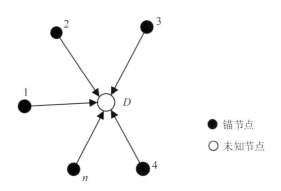

图 4-7　极大似然估计法原理图

4) 极小极大定位算法

如图 4-8 所示，极小极大定位算法的原理是：首先，计算出已知锚节点与所求节点的距离 d_1，d_2，d_3；然后，以锚节点为正方形的中心，分别画出边长为 $2d$ 的正方形，则多个正方形重叠部分即为所求节点的位置区域；最后，通过计算该重叠部分的质心，即可求得未知节点的坐标。这种方法由于对锚节点信息的依赖程度较高，大多与前述方法结合使用。

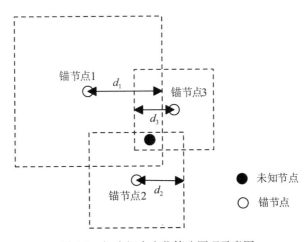

图 4-8　极小极大定位算法原理示意图

4.2.2　基于非测距的定位算法

基于测距的算法由于可靠性高、定位精度高而广受欢迎。但在许多情况下，由于网络节点部署环境的特殊性，并不具备测距所要求的硬件条件，特别是在大规模、复杂网络部署环境中，粗精度的节点定位对目标追踪精确度的影响已非常小的情况下，非测距的定位算法成为物联网节点定位的最佳选择。由于非测距的定位算法易于实现、无需增加专业测距仪器或设备、定位成本低的特点，日益成为人们研究的热点。其中，凸规划定位算法、N-Hop Multilateration Primitive 定位算法、MDS-MAP 定位算法、APIT 定位算法、质心定位算法、DV-Hop 定位算法等是典型的非测距定位算法[80,64,81-82]。

1. 凸规划定位算法

凸规划定位算法是一种典型的非测距集中式定位算法。美国加利福尼亚大学伯克利分校 Doherty 等利用凸规划的思想，将网络中通信节点间的连通关系作为一种几何关系的约束，然后将物联网网络抽象建模成一个凸集，这时即可利用半定规划或线性规划求解该凸约束优化问题。所求的物联网通信节点的定位问题转化为求解此凸约束优化的问题。得到全局优化的解后，即可确定所求节点位置的可能区域，进一步结合节点的通信半径和网络中节点的连通关系，以可能区域的质心作为所求节点的位置。

具体原理如图 4-9 所示，以节点间的通信连接作为节点位置的几何约束，同时考虑节点的通信距离，利用凸规划的思想，首先计算所求未知节点位置的可能区域(阴影区域)，并由此得到包含该可能区域的最小矩形，所求未知节点的位置即为该矩形的质心。凸规划定位算法中，为减小对节点位置定位的误差，在进行物联网节点部署时，应考虑将部分锚节点部署在网络的边缘区域，从而方便对未知节点进行准确定位。

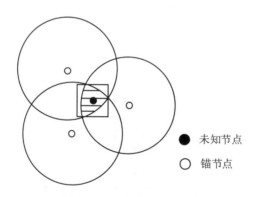

● 未知节点

○ 锚节点

图 4-9　凸规划算法原理图

2. N-Hop Multilateration Primitive 定位算法

在研究 AHLos 算法的基础上，经美国加利福尼亚大学洛杉矶分校的 Andreas Savvides 等进一步改进，并加入新的思想，提出 N-Hop Multilateration Primitive 定位算法。该算法可采用分布式或集中式方法进行，算法实现过程包含了以下几个部分。

(1)协作子树的产生:依据一定的判定方法,由多个包含物联网网络中锚节点和未知节点信息的约束条件的构型,来产生该算法的协作子树。这里要求约束条件应为完整性约束条件或超完整性约束条件,且约束条件应包含 n 个未知节点(位置坐标唯一)的坐标和不少于 n 个的非线性方程。部署的物联网网络中,剩余的没有被包含在上述协作子树中的节点,在该定位算法的后面阶段再进行相应的处理定位。

(2)初始位置估计:算法利用所求未知节点与物联网网络中已知的锚节点的连通信息、网络中节点间的距离信息和锚节点的位置信息初步估计所求未知节点位置的可能区域,并将这一结果作为下一阶段的输入。与凸规划算法类似,这种方法在进行物联网节点部署时,要求将部分锚节点部署在网络的边缘区域,从而提高对未知节点的定位精度。

(3)位置进一步细化:由第二步得到的所求未知节点的可能区域,再结合实际需要的位置精度要求,在每个协作子树中使用经典的卡尔曼滤波技术,对位置坐标进一步细化,循环求精,得到精度符合要求的未知节点的坐标信息。

由 N-Hop Multilateration Primitive 定位算法的过程可知,该算法的特点主要为算法引入了卡尔曼滤波技术,对得出的粗略位置估计循环求精,提高了定位精度,同时给出可以协助算法定位的充分条件。

3. MDS-MAP 定位算法

MDS-MAP 是一种采用多维定标技术的集中式定位算法,可根据情况选择在测距或非测距下进行,实现相对定位或绝对定位。MDS-MAP 算法包括以下三个步骤。

(1)首先,从部署的整个物联网全局角度生成网络拓扑图,依据此拓扑图向图中每个边都分配距离值。当节点可以通过测距方法获得两节点的距离值时,将此测得的距离值赋予该边。若节点无法通过测距方法获得节点间的距离值,而只保持节点的连通时,该边的值为 1。而后利用 Dijkstra 或 Floyd 算法,生成部署整个网络的节点间距矩阵。

(2)将 MDS 技术应用于间距矩阵,从而可得到整个网络的 2D 或 3D 相对坐标系。

(3)当有足够的锚节点的时候(2D 最少 3 个,3D 最少 4 个),可将第(2)步获得的整个物联网网络节点的相对坐标系变为绝对坐标系。

相关实验表明,该算法受整个部署网络的节点密度影响较大,随着节点密度的降低,定位误差逐步增大,网络中无法有效定位的节点数目增大;相反,当节点密度增大时,定位误差减小,当整个网络连通度为 12.2 时,可满足对所有节点定位的需求。

4. APIT 定位算法

APIT 算法通过使用一些约束条件来尽可能地将未知节点的位置限定在一块很小的区域,而后取该限定区域的质心位置坐标作为所求节点的位置坐标的算法。

APIT 算法中节点监听附近锚节点信号,并依据监听到的这些信号,将邻近的区域划分为多个相互有重叠的三角区域,再采用网格划分的方法确定未知节点所在位置,假设可以获得足够多的锚节点信息,则可以获得未知节点较高的定位精度。实验表明,这种无须测距的定位算法，在计算量和通信量方面，比其他基于锚节点的算法要少。

5. 质心定位算法

质心算法是一种较经典的无须测距算法，该算法由南加州大学的 Bulusu N 等提出。质心算法是通过部署在整个网络中的锚节点向其临近节点每隔一段时间发送包含节点 ID 及其位置信息的广播信号，当所求位置的未知节点接收到来自不同锚节点的广播信号超过预定阈值时，所求未知节点的位置就由这些锚节点组成的多边形的质心确定，是一种依靠于网络连通性的定位方法。相关实验表明，使用质心定位算法获得的定位中，约有 90% 的节点精度小于锚节点间距的 1/3。

6. DV-Hop 定位算法

DV-Hop 定位算法作为一种典型的非测距定位算法[83]，以其无需增加测距专业设备，使用简单方便而日益受到人们的重视。该算法由美国的 Dragos Niscules 等提出，属于基于距离矢量路由原理的定位算法。

DV-Hop 算法的定位过程描述如下。

(1)部署在物联网网络中的所有节点利用距离矢量交换协议取得本节点与网络中周围锚节点的最小跳数。

(2)网络中的锚节点利用与其他锚节点的距离和相隔的最小跳数，来计算锚节点间的每跳平均距离，并将此每跳平均距离作为整个网络节点的每跳平均距离，同时在网络中广播。当网络中所求未知节点接收到该值时，可据此计算得到与锚节点的距离。

(3)网络中的未知节点在通过上述步骤计算出其与锚节点的距离信息后，再通过三边定位或极大似然估计等算法来进一步计算该节点的位置信息。

DV-Hop 算法无须硬件距离测量设备，与距离矢量路由机制类似，使用简单方便，通过估算平均每跳距离对节点进行定位，是一种粗粒度定位算法。但在网络结构复杂时，对平均每跳距离的估算容易产生较大的误差。在同性网络中，若锚节点占比为 10% 时，DV-Hop 算法的定位精度约为 30%。

4.3　基于差分进化算法的森林火灾监测物联网节点定位算法

4.3.1　定位方法的相关术语

(1)锚节点(Anchors)：通过某种方法可自动获知自己位置信息的节点，也称为信标节点、参考节点等。

(2)普通节点(Normal Nodes)：即未知节点或所求未知节点，初始时间时，并不能自动获知自己位置信息的节点，需通过网络中部署的已知位置信息的锚节点或某种算法来估计自己位置的节点[84-86]。

（3）邻居节点（Neighbor Nodes）：物联网网络中与某一节点相连通的，在其通信半径范围内的网络中的其他节点。

（4）连通度（Connectivity）：物联网网络中某一个节点所能连通的邻居节点的个数总和。

（5）跳数（Hop Count）：物联网网络中节点间连通经过的跳段的总和。

（6）跳段距离（Hop Distance）：物联网网络中节点间连通经过的每一跳距离的总和。

（7）基础设施（Infrastructure）：网络中的固定设备，如基站、GPS 等，用来帮助节点定位。

4.3.2 森林火灾监测物联网节点定位问题描述

在实际应用中，大范围环境下的基于物联网的森林火灾智能监测系统中，森林火灾监测节点一般采取炮弹投射或飞机撒播的方式进行随机部署，其中部分节点为具有自身定位功能的锚节点，如带有 GPS 或北斗定位接收芯片，其他节点为普通节点。本章针对这一实际应用背景，开展物联网森林火灾监测节点定位的相关研究。

在此实际应用背景下，由前文 4.1 和 4.2 节中的分析可知，基于物联网的森林火灾监测系统的节点定位一般采用非测距的方式。森林系统火灾监测节点定位问题本质上成为在包含 N 个节点的物联网中，利用部署在整个网络中的 M 个已知的锚节点的位置信息，及其与物联网中未知节点的连通信息，结合运用数学计算及优化方法等，来估算网络中剩余的 $N-M$ 个未知节点的可能位置坐标或所在位置区域信息的方法。即在一个二维空间定位问题中，假设部署的物联网网络中，锚节点坐标 $W=(M,N)$，其中 $M=(x_{n+1}, x_{n+2}, \cdots, x_{n+m})$，$N=(y_{n+1}, y_{n+2}, \cdots, y_{n+m})$，未知节点坐标 $V=(X,Y)$，其中 $X=(x_1, x_2, \cdots, x_n)$，$Y=(y_1, y_2, \cdots, y_n)$，则为了确定未知节点坐标 V，可以通过非测距的方法，利用未知节点坐标 V 与锚节点坐标 M 的连通信息来估算其坐标。

本节采用基于无需测距的森林火灾监测节点定位算法 DV-Hop，来实现对锚节点和未知节点的距离估算，并在此基础上进行改进。在 DV-Hop 算法中，对随机部署的森林火灾监测物联网系统，锚节点与未知节点的距离可由节点间的最小跳数和平均每跳距离估算得出。但由于节点间的最小跳数和平均每跳距离均由数学方法得出，计算节点间距离的方法并不严格，因此求得的锚节点与所求未知节点间的距离并不是实际距离。网络中锚节点与所求未知节点的距离估算，实质上是一个优化问题的处理过程，即首先通过在物联网网络中寻找可以最小化锚节点与未知节点的距离误差的目标函数，然后利用优化方法，进一步得到所求节点的位置坐标。本书将锚节点与未知节点的距离的均方误差作为适应度函数。适应度函数定义如下：

$$f(x,y)=\frac{1}{n}\sum_{i=1}^{n}\left|d_i-\sqrt{(x_i-x)^2+(y_i-y)^2}\right| \tag{4-6}$$

式中，(x,y) 是未知节点的估计坐标，(x_i,y_i) 是锚节点的坐标，d_i 是第 i 个锚节点与该未知节点通过 DV-Hop 算法得到的估计距离。$\sqrt{(x_i-x)^2+(y_i-y)^2}$ 是由欧氏距离计算得到的部署网络中的锚节点与未知节点估计坐标的实际距离。

为了区别节点间的实际距离和估计距离，这里采用加入高斯误差的方法，表示如下：

$$d_i = d_{ij}(1 + \text{rand}n \cdot \eta) \tag{4-7}$$

式中，d_{ij} 是部署的物联网网络中两个节点之间的实际距离值；η 为距离误差因子；rand$n$ 是一个计算机随机变量，其服从均值为 0 方差为 1 的标准正态分布[78,87]。

由式(4-6)、式(4-7)可见，适应度函数值是表征部署的物联网网络中锚节点与未知节点的误差大小的指标，当适应度函数值越小时，表明物联网网络中锚节点与未知节点的误差值就越小，系统对于未知节点的定位位置就相对更加接近实际位置。

该系统即通过差分进化算法计算部署的物联网网络中锚节点与未知节点误差的适应度函数最小化的最优解，从而计算得到所求未知节点在物联网网络中的实际位置估计，并使该位置估计更加准确，减少定位误差，使系统的定位精度进一步提高，增强系统定位的可靠性和准确性。

4.3.3　差分进化算法

差分进化算法(DE 算法)于 1995 年由 Storn 和 Price 两位学者提出，它是一种具有广泛应用、全局搜索能力强、鲁棒性好、基于群体差异的智能优化算法[88,89]。DE 算法最初是为求解 Chebyshev 多项式提出的一种启发式随机搜索算法，由于其简单易用的特点，目前已经成为解决许多实际优化问题的一种有效工具。本章即提出利用该差分进化算法求解部署的物联网网络中未知节点的定位计算问题。

DE 算法的本质思路是由系统中某一组包含一定个体数量的随机产生的初始种群开始，首先通过系统从该初始种群中随机选择两个不同的个体向量，然后将已选择的两个个体向量做相减运算，并由此生成这两个个体的差分向量。随后将取得的差分向量由系统赋予权值后，与系统随机选择的第三个个体向量做相加运算，并由此生成系统变异向量。取得变异向量后，将该变异向量与系统此前选定的父代个体向量，依据某种特定的交叉策略，生成试验向量，并对该试验向量的适应度值进行判断。如果此试验向量的适应度值比此前父代个体向量具有更优值，则将该试验向量作为下一代向量；反之，则选择此前的父代个体向量，作为下一次的比较值。通过这样不断进化操作，使系统始终选择保留最优个体向量，从而使结果逐步逼近系统的最优解，最终得到系统需要的结果。

DE 算法从选择初始种群开始，其算法整个过程包括了初始化、变异、交叉和选择四个部分。设 $X = (X_1, X_2, \cdots, X_D) \in S(S \subseteq R^D)$ 为优化问题 $f(X)$ 中的 D 维连续空间向量，并为 $f(X)$ 的决策向量，所求系统优化目标是找到一个可以使优化问题 $f(X)$ 最小的 $X^{\dagger}$，以便对 $\forall X \subseteq S$ 都存在一个 $X^{\dagger}$，并且 $f(X^{\dagger}) \leqslant f(X)$。这里将整个 DE 算法的步骤过程，通过如下四个部分进行描述。

（1）种群初始化。差分进行算法首先要选择个数为 NP 个的个体向量作为初始种群，并且该 NP 个的个体向量为 D 维连续实值空间中的值。种群里的每一个个体向量在算法中也称为目标向量，这里采用如下符号描述第 G 代中的第 i 个个体向量或目标向量。

$$\boldsymbol{X}_{i,G} = (X_{1i,G}, X_{2i,G}, \cdots, X_{Di,G}) \tag{4-8}$$

式中，$G = 0, 1, \cdots, G_{\max}$，$G$ 表示该种群所属的代数，$G = 0$ 表示初始化种群向量；$G_{\max}$ 为最大代数。$i = 1, 2, \cdots, NP$，表示第 i 个个体向量；D 表示 D 维空间。差分进化算法即在该 D 维连续的实数值参数空间求解全局最优解。

为了保证初始化的目标向量范围能覆盖整个解空间，将初始化后的目标向量表示为

$$X_{j,i} = X_{j,\min} + \mathrm{rand}_{j,i}(0,1) \cdot (X_{j,\max} - X_{j,\min}) \tag{4-9}$$

式中，$\mathrm{rand}(0,1)$ 为在 $(0,1)$ 区间中计算机随机生成的服从均匀分布的随机数。$X_{\min} = \{X_{1,\min}, X_{2,\min}, \cdots, X_{D,\min}\}$ 表示在 D 维连续实值空间中目标向量的下边界，$X_{\max} = \{X_{1,\max}, X_{2,\max}, \cdots, X_{D,\max}\}$ 表示在 D 维连续实值空间中目标向量的上边界。

（2）变异操作。在种群初始化完成后，DE 算法通过对初始化后的目标向量 $\boldsymbol{X}_{i,G}$，采用某种特定的变异策略生成系统的变异向量。变异向量可记为 $\boldsymbol{V}_{i,G} = (V_{1i,G}, V_{2i,G}, \cdots, V_{Di,G})$。本书采用"DE/rand/1"策略生成变异向量。

$$\boldsymbol{V}_{i,G} = \boldsymbol{X}_{r1,G} + F \cdot (\boldsymbol{X}_{r2,G} - \boldsymbol{X}_{r3,G}) \tag{4-10}$$

式中，$r1 \neq r2 \neq r3$，且 $r1, r2, r3$ 是从 $[1, NP]$ 中计算机随机选取的正整数，在变异操作中每生成一个变异向量，$r1, r2, r3$ 都会随机由计算机生成一次，且与目标向量序号 i 也不相同，因此初始种群个数 NP 应不小于 4；G 表示第 G 代向量；F 表示差分进化算法中控制变异向量缩放的尺度因子，该尺度因子应是正实常数，一般 F 取值范围为 $F \in [0,2]$。在差分算法中，当希望变异向量的种群呈现出多样性，避免陷入局部最优时，F 应取相对较大值；当希望进行局部搜索，实现快速收敛时，F 应取相对较小值。

（3）交叉操作。种群个体的多样性是保障算法取得最优解的必要条件，差分进化算法为了实现这一目标，在算法完成变异操作，生成变异向量后，引入了交叉操作。差分进化算法的交叉操作思想是把每个变异操作生成的变异向量 $\boldsymbol{V}_{i,G}$ 和目标向量 $\boldsymbol{X}_{i,G}$ 所包含的参数，依据某种特定方法交叉，从而生成新的试验向量的过程。新生成的试验向量记为 $\boldsymbol{U}_{i,G} = (U_{1i,G}, U_{2i,G}, \cdots, U_{Di,G})$。在此过程中，要求新生成的试验向量 $\boldsymbol{U}_{i,G}$ 中至少有一个参数来自变异向量 $\boldsymbol{V}_{i,G}$。本书在交叉操作中，采用二项式交叉来生成新的试验向量 $\boldsymbol{U}_{i,G}$，这里通过下式描述：

$$U_{ji,G} = \begin{cases} V_{ji,G}, & \text{if } \mathrm{rand}_j(0,1) \leqslant CR \text{ or } j = k, j = 1, 2, \cdots, D \\ X_{ji,G}, & \text{otherwise} \end{cases} \tag{4-11}$$

式中，CR 表示差分进化算法中的实值交叉概率常数，一般 CR 取值范围为 $CR \in [0,1]$，也称为交叉因子；$\mathrm{rand}(0,1)$ 是计算机在 $(0,1)$ 范围内随机生成的服从均匀分布的随机数；k 取值范围为 $k \in [1, D]$，由计算机随机选取，主要用来保证新生成的试验向量 $\boldsymbol{U}_{i,G}$ 中至少有一个参数来自变异向量 $\boldsymbol{V}_{i,G}$。由式（4-11）可见，CR 交叉因子同样是差分进化算法的控制参数，CR 取值越大，交叉操作中新生成的实验向量中来自变异向量 $\boldsymbol{V}_{i,G}$ 的参数越多；反之，CR 取值越小，交叉操作中新生成的实验向量中来自变异向量 $\boldsymbol{V}_{i,G}$ 的参数越少。

（4）选择操作。差分进化算法中，为了确定由交叉操作产生的实验向量是否可以成为子代个体，需要进行选择操作。该选择操作采用贪婪选择策略来决定可以成为子代的个

体。算法的思想是将此前经过变异和交叉操作后生成的新的试验向量 $\boldsymbol{U}_{i,G}$，进行适应度计算，并将计算值与目标向量 $\boldsymbol{X}_{i,G}$ 进行适应度计算的值进行比较，从而选择两者中计算结果更优的个体成为下一代个体向量。经选择操作后，差分进化算法得到的下一代个体向量可表示为

$$X_{i,G+1} = \begin{cases} U_{i,G}, & \text{if} \quad f(U_{i,G}) \leqslant f(X_{i,G}) \\ X_{i,G}, & \text{otherwise} \end{cases} \tag{4-12}$$

式中，$f(\cdot)$ 表示适应度函数。

差分进化算法的流程图如图 4-10 所示。

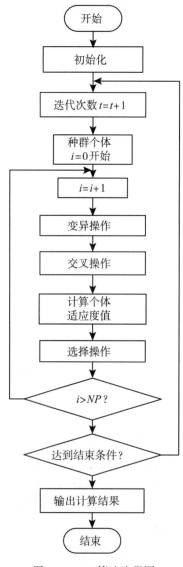

图 4-10　DE 算法流程图

差分进化算法的过程中，对于种群规模 NP、差分尺度因子 F 和交叉概率 CR 的选择直接关系到算法执行的结果，合理地选取适合的参数值对于获取正确的结果具有重要的意义。公开的各项研究结果及相关实验显示：差分进化算法中种群规模 NP 的取值在 $[4D,$ $10D]$ 间较为合理，尺度因子 F 和交叉因子 CR 的取值一般分别在 $[0.4, 1]$ 和 $[0.5, 0.95]$ 中选取比较有效。当 $F = 0.5$ 和 $CR = 0.9$ 时，可以较好地平衡探索和开发之间的矛盾。

4.3.4　基于 DV-Hop 的定位算法改进

根据前文对定位问题的描述，在传统的 DV-Hop 算法中，一般采用锚节点的平均每跳距离估计作为网络中每个未知节点的平均每跳距离估计，即采用锚节点间计算的距离除以锚节点间的跳数之和的方法，得到网络的每跳距离估计。在这种方法中，对于网络节点分布均匀、网络结构简单的节点定位问题，可以得到较好的定位结果，但对于林火监测等大规模环境中的节点定位，则有明显的不足之处。具体表现为，其忽视了森林等大规模环境中物联网监测节点的不均匀性，模糊了锚节点与未知节点间的差异以及网络的复杂性。在林火监测等大规模环境监测中，物联网节点初始部署一般采用炮弹投射或飞机撒播的随机方式进行，这样必然导致部分节点的分布不均匀。因此，简单地用锚节点的平均每跳距离估计，代替所有未知节点的每跳距离，并由此计算得到的未知节点的位置估计，必然带有较大的误差。本章充分考虑到大范围森林火灾监测物联网系统中监测节点的不均匀性，对物联网中与锚节点位置远近不同的节点的平均每跳距离估计，进行区别处理，通过引入距离因子的办法，自适应地调整和改进对于节点平均每跳距离计算的准确性和可靠性，以便获得较为准确的未知节点的定位估计。具体改进方法如下。

（1）首先，利用本章前面提到的传统 DV-Hop 算法，计算基于物联网的森林火灾智能监测系统中每个锚节点的平均每跳距离，公式如下：

$$C_M = \frac{\sum_{N \neq M} \sqrt{(x_M - x_N)^2 + (y_M - y_N)^2}}{\sum_{N \neq M} h_{MN}} \tag{4-13}$$

式中，为了便于说明，将物联网网络中锚节点 M 之外的其他锚节点表示为 N；M 和 N 在二维空间的坐标表示为 (x_M, y_M)，(x_N, y_N)；网络信息中锚节点 M 和 N 之间的最小跳数可表示为 h_{MN}；锚节点 M 在物联网网络中与其他锚节点的平均每跳距离表示为 C_M。

（2）在基于物联网的森林火灾智能监测系统中，当计算未知节点与网络中距离其最近的锚节点的距离时，首先根据网络信息判断距离其最近的锚节点，并将通过上面步骤求得的锚节点的平均每跳距离作为该未知节点自身的平均每跳距离，即未知节点 k 在网络中的平均每跳距离，表示如下：

$$C_{sk} = C_M \tag{4-14}$$

式中，用 k 表示任一未知节点；M 为距离该未知节点最近的林火监测网络中的锚节点；锚节点的平均每跳距离表示为 C_M。

（3）在基于物联网的森林火灾智能监测系统中，当计算未知节点与网络中其他锚节点

（除与其最近的锚节点之外的其他锚节点）的距离时，考虑到网络中节点分布的不均匀性，引入距离因子，来调整该未知节点与其他锚节点的平均每跳距离的计算。该距离因子为距离该未知节点最近的锚节点与其他锚节点的平均每跳距离。此时，平均每跳距离表示如下：

$$C_{kP} = \sqrt{C_{sk} \cdot \frac{d_{MP}}{h_{MP}}} \tag{4-15}$$

式中，与该未知节点距离最近的锚节点 M 和林火监测网络中其他锚节点 P 的实际距离表示为 d_{MP}，最小跳数表示为 h_{MP}，平均每跳距离作为距离因子，表示为 d_{MP}/h_{MP}；距离因子随未知节点的变化，其计算也发生变化，从而自适应地调整和改进平均每跳距离的计算；未知节点 k 到林火监测网络中与其最近的锚节点 M 的平均每跳距离表示为 C_{sk}；未知节点 k 到林火监测网络中其他锚节点 P 的平均每跳距离表示为 C_{kP}。

（4）在基于物联网的森林火灾智能监测系统中，当通过上面步骤获得未知节点对于不同的锚节点的平均每跳距离后，即可采用典型的 DV-Hop 算法计算未知节点与锚节点的距离，即通过平均每跳距离与锚节点和该未知节点的网络最小跳数的乘积计算得到。

对于未知节点与距离其最近的锚节点的距离，对应于第(2)步中的情况，可表示为

$$d_{kM} = C_{sk} \cdot h_{kM} \tag{4-16}$$

式中，林火监测网络中未知节点 k 与锚节点 M 间的距离表示为 d_{kM}，未知节点 k 在第(2)步中的平均每跳距离表示为 C_{sk}；未知节点 k 和与其最近的锚节点 M 之间的网络最小跳数表示为 h_{kM}。

对于未知节点与其他锚节点的距离，对应于第(3)步中的情况，可表示为

$$d_{kP} = C_{kP} \cdot h_{kP} = \sqrt{C_{sk} \cdot \frac{d_{MP}}{h_{MP}}} \cdot h_{kP} \tag{4-17}$$

式中，林火监测网络中未知节点 k 与其他锚节点 P 间的距离表示为 d_{kP}；未知节点 k 在第(3)步中的平均每跳距离表示为 C_{kP}；未知节点 k 和与其他锚节点 P 之间的网络最小跳数表示为 h_{kP}。

由式(4-17)可见，在基于物联网的森林火灾智能监测系统中，针对节点定位问题，本书提出的算法在传统 DV-Hop 算法的基础上，将林火监测网络中的锚节点进行区分，并通过引入距离因子 d_{MP}/h_{MP}，将所求未知节点与锚节点的平均每跳距离问题，转化为与该未知节点距离最近的锚节点和其他锚节点的平均每跳距离，从而进一步求得未知节点与锚节点间的距离。该方法中由于增加了两锚节点间准确的平均每跳距离对原未知节点的平均每跳距离进行改善，从而可减小未知节点平均每跳距离的误差，使未知节点与锚节点的距离计算更加准确。特别对于大范围、复杂网络的森林火灾智能监测中，物联网监测节点分布不均匀的情况，通过上述方法的改进，使监测节点定位计算具有良好的应用效果。

4.3.5　基于差分进化算法的森林火灾监测节点定位改进算法步骤

在通过上述算法求得未知节点与锚节点的距离后，本书结合前文的差分进化算法，提

出一种基于差分进化算法的林火监测中的物联网节点定位算法。该定位算法实现过程如下。

第1步：依据物联网的森林火灾智能监测系统的环境需求，在某一网络区域范围内随机部署未知节点个数为 N 和锚节点个数为 M 的森林火灾监测物联网，初始化差分进化算法中的种群规模 NP，对差分进化算法中需要的相关的参数信息进行设置，设置缩放比例因子 $F = 0.5$ 和交叉概率 $CR = 0.9$。

第2步：采用上一节中改进后的定位算法及式(4-13)~式(4-17)计算 N 个未知节点分别到 M 个锚节点之间距离矩阵 $\boldsymbol{D}$。

第3步：利用上述式(4-6)~式(4-7)计算差分进化算法中初始的每个个体的适应度函数值。

第4步：根据式(4-8)~式(4-12)对种群中所有个体，按照差分进化算法步骤，逐步进行差分变异操作，生成变异向量；差分交叉操作，生成试验向量；差分选择操作，生成下一代个体向量。

第5步：判断是否到达差分进化算法设置的全局最大迭代次数，若已达到，则根据计算结果输出全局最优解，即为计算得到的个体位置，或所求未知节点的位置坐标信息；否则继续执行相关程序，直至得出最终计算结果。

4.4 仿真验证及分析

4.4.1 仿真说明

本章采用 MATLAB 7.0 环境进行仿真验证。仿真模拟环境中，设置整个物联网中网络节点总数为100，节点通信半径为30m。未知节点和锚节点随机生成和部署在100m×100m的正方形区域内。设置差分进化算法的仿真参数：其中，差分进化算法种群规模为 $NP = 20$，差分进化算法全局最大迭代次数 $t_{max} = 100$，差分进化算法交叉概率 $CR = 0.9$，差分进化算法缩放比例因子 $F = 0.5$，仿真程序的运行按照上述设置进行。

4.4.2 仿真分析

在仿真程序的运行中，考虑到锚节点密度对算法评价的重要性及误差因子对算法性能的重要影响，本章通过分别改变锚节点密度和误差因子来验证提出的算法的有效性和实用性。验证评价指标采用平均定位误差和定位精度来评价算法的性能，公式如下。

平均定位误差：

$$\text{avergeerror} = \frac{\sum_{i=1}^{N}\sqrt{(x_i - x_i^*)^2 + (y_i - y_i^*)^2}}{N} \tag{4-18}$$

定位精度：

$$\text{accuracy} = \frac{\sum\limits_{i=1}^{N} \sqrt{(x_i - x_i^*)^2 + (y_i - y_i^*)^2}}{N \times R} \times 100\% \tag{4-19}$$

1. 新旧两种定位算法的性能比较

对本书在前文中提出的一种改进的基于差分进化算法的新定位机制算法，这里通过仿真进行性能验证。图 4-11 为使用改进的新的定位机制算法与传统 DV-Hop 算法在 DE 算法的定位使用中的性能比较图。这里设置的锚节点比例为 30%，误差因子为 25%。

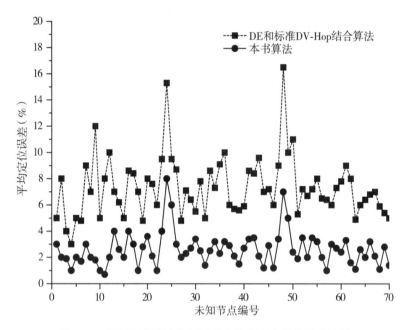

图 4-11　新旧两种算法在不同节点处的平均定位误差比较

由图 4-11 可见，改进后的新定位机制算法由于将林火监测网络中的锚节点进行区分，并通过引入距离因子 d_{MP}/h_{MP}，使得对于网络中平均每跳距离的计算更加接近实际值，从而使网络的定位误差大大降低，定位精度明显提升。在如图 4-11 中所示情况下，在节点编号为 9，11，12，24，43，48，50 的未知节点处，本书算法比改进前的定位算法在平均定位误差方面降低 7% 以上，定位精度的提升非常明显；在节点编号为 2，7，8，17，18，21，22，23，26，31，33，35，36，41，44，47，57，60，62 的未知节点处，本书算法比改进前的定位算法在平均定位误差方面降低了 5%~7%，定位精度的提升较为明显；在节点编号为 1，4，19，30 的未知节点处，两种算法计算结果较为接近，定位精度的提升并不明显。总体来看，改进后的新定位机制算法相比传统 DV-Hop 算法与 DE 算法结合的定位算法，在不同程度上降低了对未知节点的平均定位误差，算法的改进，对于提升林火监测网络中节点定位的准确性具有较为积极的意义。

2. 不同锚节点密度定位结果比较

锚节点密度是影响定位精度的一个重要指标，本书在算法仿真过程中，为了考量不同锚节点密度对算法平均定位误差的影响，在保持算法中其他参数不变的情况下，将算法中锚节点密度以5%为间隔，从5%提高到40%，观察其对定位算法的平均定位误差的影响。

由图4-12可见，三种不同算法都随着锚节点密度的增大，未知节点的定位误差逐步减小，并在锚节点密度达到某一值后，定位误差趋于稳定，不再有明显降低。本书所提出的算法在锚节点密度为35%左右时，定位误差趋于稳定，约为5.1%；传统DV-Hop算法与DE算法结合的定位算法，在锚节点密度为25%左右时，定位误差趋于稳定，约为8%；最小二乘算法(LS算法)在锚节点密度为35%左右时，定位误差趋于稳定，约为8.3%。即表明在其他参数不变的情况下，本书所提出的改进算法相比于最小二乘算法，在平均定位误差方面的性能有较大提升；相比于传统DV-Hop算法与DE算法结合的定位算法，在平均定位误差方面的性能也有所提升；在相同的平均定位误差情况下，并且在定位误差趋于稳定前，本书提出的改进后的新定位机制算法，相比于传统DV-Hop算法与DE算法结合的定位算法及最小二乘算法，需要的锚节点数少；在锚节点密度一定的情况下，本书提出的改进后的新的定位机制算法，相比于传统DV-Hop算法与DE算法结合的定位算法及最小二乘算法，平均定位误差更低。由此可见，在对锚节点的有效利用方面，由于本书的改进算法对锚节点的有效利用更加充分，为系统节省了定位成本。

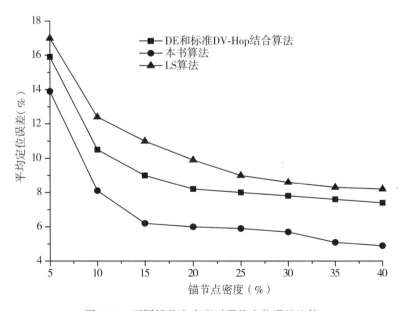

图4-12　不同锚节点密度时平均定位误差比较

3. 不同误差因子定位结果比较

误差因子对估算距离有着直接影响，并与测距误差直接相关。本书在算法仿真过程中，在保持差分进化算法中其他相关参数不变的情况下，通过改变误差因子来考查和对比本书提出的改进定位算法，相比于传统 DV-Hop 算法与 DE 算法结合的定位算法及最小二乘算法的性能。算法仿真中，误差因子以步长 5% 为间隔，取值范围为 0%~20%。仿真结果如图 4-13 所示，在误差因子较小的阶段，当误差因子小于 2% 时，三种算法的平均定位误差相近，没有较为明显的区别；当误差因子大于 2% 后，三种算法中误差因子与平均定位误差的关系变得较为明显。其中，本书提出的改进算法和传统 DV-Hop 算法与 DE 算法结合的定位算法在误差因子变大时，平均定位误差的变化较为平缓，而基于最小二乘算法的定位算法在误差因子变大时，平均定位误差的变化呈直线上升状态，变化较为明显。由此可以看出，基于差分进化的定位算法受误差因子的影响相对较小，即受测距误差的影响相对较小。从图 4-13 中还可以看出，整体上，当误差因子增大时，三种算法的平均定位误差变大；在误差因子相同的情况下，基于差分进化的定位算法的平均定位误差更小，即算法对未知节点的定位精度更高，并随误差因子的逐渐增大，算法的这种定位性能表现得更突出。本书提出的改进算法和传统 DV-Hop 算法与 DE 算法结合的定位算法及最小二乘定位算法相比，表现出更好的抗误差性能。

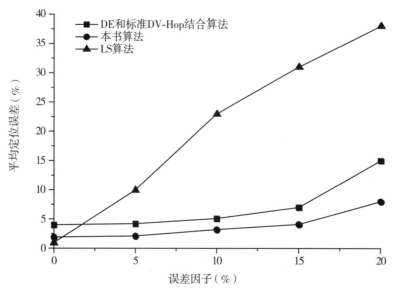

图 4-13　不同误差因子时平均定位误差比较

4. 三种定位算法性能比较

为了更好地比较本书提出的改进定位算法与相关算法的性能，这里将本书改进算法、最小二乘法定位算法和传统 DV-Hop 算法与 DE 算法结合的定位算法的定位性能作比较，如图 4-14 所示，这里锚节点比例为 30%，误差因子为 25%。由图 4-14 可见，本书提出的改进定位算法在各个节点处的平均定位误差波动相对较小，而传统 DV-Hop 算法与 DE 算法结合的定位算法及最小二乘定位算法，在各个节点处的平均定位误差波动相对较大。在节点 2，4，5，9，12，70 处，本书提出的改进定位算法比最小二乘定位算法的平均定位误差低 30% 以上；在节点 23，25，48，55，60，61，62 处，本书提出的改进定位算法比最小二乘定位算法的平均定位误差低 25% 以上；其他节点处也比最小二乘定位算法的平均定位误差有不同程度的降低。由此可见，本书算法的整体性能在三种相关算法中是最好的，求得的平均定位误差最小，定位精度最高。

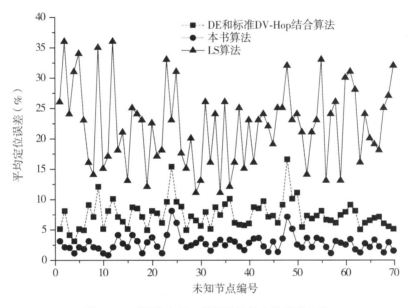

图 4-14　不同节点处三种算法平均定位误差比较

4.5　小　　结

本章提出一种基于差分进化的物联网节点定位改进算法，该算法首先改进了传统 DV-Hop 算法中对平均每跳距离的测量方法，进而降低锚节点与未知节点间的距离估计误差，然后通过 DE 算法优化获得较好的定位精度。仿真验证结果表明，本书算法与未改进前的传统 DV-Hop 算法和 DE 算法结合的定位算法及最小二乘法相比，在不同的误差因子、锚节点密度下对未知节点的定位精度都有明显提高。该算法在仿真验证中体现出较好的鲁棒性和全局搜索能力，并对误差累积抑制能力强的特点。在森林火灾智能监测系统等大规模网络环境中，采用该方法进行物联网节点定位，可避免锚节点不足、无法进行测距计算、定位误差较大、定位精度较低、定位成本高等问题，从而大幅度提高基于物联网的森林火灾监测系统中物联网节点定位的准确性和可靠性，实现对林火发生点及时准确定位，为林火监测、预警及救援等后续工作的开展提供保障。

第5章 基于物联网的森林火灾监测系统节点覆盖研究

随着微机电系统、传感器技术和通信技术的不断进步，物联网与现代工业生产和人们日常生活的联系日益紧密。特别对于灾害和环境监测、林火预警等大范围监测而言，物联网节点覆盖率成为衡量物联网在监测区域可正常工作范围的重要指标。

本章提出一种基于差分进化的改进的森林火灾监测物联网节点有效动态覆盖方法，该方法在标准 DE 算法的基础上，提出基于二次插值的混合差分进化算法，对森林火灾监测物联网节点有效覆盖进行优化。在不增加网络其他硬件设备的情况下，进一步减小了算法的计算代价，提高了节点优化部署的效率。仿真结果表明，本章算法具有较好的节点部署效果。

5.1 森林火灾监测物联网覆盖技术

物联网节点的覆盖部署伴随物联网的出现而产生，是物联网全面获取周围信息的必要条件。物联网节点的覆盖部署主要研究如何以较少的节点数量实现对目标区域的完全覆盖，或使覆盖区域面积最大，并使网络联通性和质量具有可靠保障[90,91]。在一些情况下，为了实现物联网对周围信息的充分感知能力，节点的部署往往采取冗余的方式，即以保证覆盖目标区域为前提，采取相邻节点覆盖范围重叠的方式。冗余覆盖实现了节点获取周围信息的目标，但也带来了许多问题，如节点获取和传输的周围信息重复、占用了网络资源，导致网络中节点能耗的增加，减少了节点在网络中的生存时间等。因此，在物联网节点部署时应尽量减少不必要的冗余覆盖[92-97]。

5.1.1 物联网节点覆盖算法分类

物联网是一种以应用为目的的网络，网络节点的覆盖控制也以应用为首要前提。因此，在节点覆盖中应考虑实际应用中各方面的需求，包括能耗控制、路由选择、节点定位和可靠通信等。下面介绍物联网覆盖优化问题的常见类型[98-102]。

（1）根据对监测环境或区域是否已知等情况，物联网覆盖策略可划分为确定性覆盖和随机覆盖[103]。当监测环境或区域已知时，物联网覆盖问题就相对简单一些，这时只需处理好节点设置和路由规划等问题，这种覆盖方式称为确定性覆盖。在监测环境或区域未知的情况下，物联网节点覆盖问题就变得较为棘手，但这种情况往往更符合实际情况，在此情况下完成的物联网节点覆盖称为随机覆盖。相对于确定性覆盖，随机覆盖是在节点位置信息不确定的情况下，利用物联网节点覆盖某一目标区域的方法。随机覆盖在一些危险或环境恶劣情况下更切合实际，因而应用更多。

（2）根据物联网中采用的节点是否具有移动能力，可划分为静态覆盖和动态覆盖[104]。若物联网节点被初次部署后，不再具有移动位置的能力，即部署后其在网络中的位置固定，则称为静态覆盖。若物联网节点被初次部署后，仍具有一定的移动能力，来改善其在网络中的位置，从而提高网络覆盖率，增强网络性能，则这种覆盖称为动态覆盖。动态覆盖相比于静态覆盖，由于节点的可移动性，使得物联网在覆盖率、网络传输容量、节点生存时间等许多方面都体现出较为显著的优势[88]。

（3）根据物联网对覆盖目标区域的不同，通常可将物联网节点覆盖部署分为区域覆盖、点覆盖和栅栏覆盖三种。

区域覆盖是以某一区域为目标，在该目标区域内，以尽可能少的物联网节点数覆盖目标区域内的每一个点，以保证区域内节点间的可靠通信，实现目标区域覆盖的最大化，降低网络建设成本及费用。区域覆盖对覆盖面要求大，质量要求高，一般应用在重点区域，或者对监测质量有较高要求的场合。图 5-1 为区域覆盖示意图，要完成对该区域的覆盖需要 6 个物联网节点。

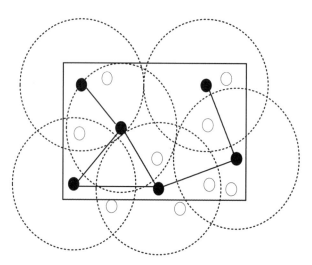

图 5-1　区域覆盖

点覆盖以某一组离散点为目标，以尽可能少的物联网节点数保证覆盖目标点，以便在目标点被覆盖的情况下，实现物联网节点间的可靠通信。点覆盖相比于区域覆盖，覆盖目标明显减少，不需要对某一区域所有点进行覆盖，因此，网络建设相对简单、成本较低，适用于对监测质量要求相对较低的场合。但当目标区域范围较大，或者大规模网络部署时，物联网目标区域覆盖往往可用点覆盖进行表示。物联网目标区域覆盖与点覆盖在研究方法和研究过程中,都存在很多相似之处;不同之处在于,点覆盖算法需要了解目标点的分布信息和物联网的网络拓扑结构,区域覆盖除此之外还要了解目标区域几何形状等信息。如图5-2所示,图中圆圈表示需要部署的物联网节点,方形表示需要被覆盖的目标点,在需要被覆盖的目标点周围部署三个物联网节点(实心圆),即可实现对目标点的信息获取。

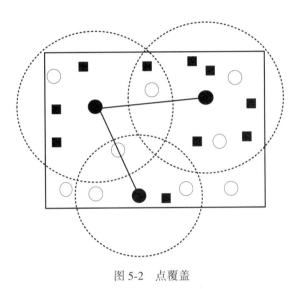

图 5-2　点覆盖

栅栏覆盖以物联网中未知的移动目标为监测对象,当有未知的移动目标试图通过物联网节点部署区域时,即被网络监测发现。在栅栏覆盖中,并不关心目标区域内的情况,物联网的节点部署以未知的移动目标被监测到的概率最大为目标。栅栏覆盖一般以条状、带状、封闭或半封闭等形状出现,与区域覆盖相比,并不需要覆盖区域中的所有位置,因而所需的节点数量大大减少,更适合于对移动目标监测的场合。如图5-3所示,图中曲线表

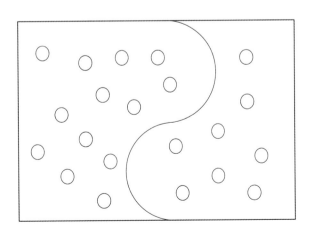

图 5-3　栅栏覆盖

示试图通过物联网节点部署区域的未知的移动目标的行动轨迹，圆圈表示被部署的物联网节点。

（4）根据物联网节点部署后对目标区域的覆盖程度，可将物联网节点覆盖算法分为完全覆盖算法和非完全覆盖算法。完全覆盖算法又分为两种情况，一种情况是目标区域中的所有点都被 k 个传感器同时覆盖，此时称为 k –覆盖（ $k \geq 2$）；另一种情况为 1 -覆盖。完全覆盖算法网络建设成本高，一般应用于应急救援、战场环境等对覆盖有较高要求的场合。非完全覆盖由于节点数目相对较少，一般应用于河流水质监测、大气环境监测等对覆盖要求并不太高的场合。

（5）根据物联网节点覆盖算法的处理方式，可将物联网节点覆盖算法分为集中式覆盖算法和分布式覆盖算法。集中式覆盖算法中，由部署在物联网中的中心节点或监控中心根据网络的全局信息运行某种特定的覆盖算法后，将结果反馈给网络中的节点，即覆盖算法并不在每个节点上计算。而分布式覆盖算法中，由各节点通过网络的局部信息，并与邻近节点协作，利用自身的硬件资源来计算并执行覆盖算法。

（6）根据物联网节点覆盖算法是否考虑连通性，可分为确保网络连通的物联网节点覆盖算法和与网络连通性无关的物联网节点覆盖算法。相关研究文献表明，假设物联网所有节点结构相同，且节点的感知范围为圆形时，若此时节点的通信半径距离大于两倍的感知半径距离，物联网节点间可以保证是相互连通的。

（7）根据物联网中节点的工作方式，覆盖算法可分为分组物联网节点覆盖算法和轮次物联网节点覆盖算法。在分组物联网节点覆盖算法中，首先将所有节点分成若干个小组，节点在网络寿命时间内被依次调度作为工作组节点使用；在这种方法中，在网络寿命内算法只执行一次。而轮次物联网节点覆盖算法中，在某一周期内算法被执行一次，然后根据一定的算法从物联网节点中选择部分节点激活，成为工作节点使用，其他节点休眠，周期结束后，继续上面的方法；在这种方法中，在网络寿命内算法执行了多次。

5.1.2　物联网节点覆盖算法研究现状

在物联网节点覆盖问题中，由于各种变化算法较多，这里只对其中一些典型算法进行介绍[105-106,89]。

1. 基于网格的物联网节点覆盖算法

在基于网格的物联网节点覆盖算法中，将物联网节点及目标覆盖点均采用网格形式表示，并用布尔模型表示目标覆盖点是否被物联网节点覆盖，则每个目标覆盖点被物联网节点覆盖的情况可以表示为一个数组。

如图 5-4 所示，目标覆盖点 8 被物联网节点覆盖的情况可以表示为能量矢量（0, 0, 1, 1, 0, 0）。图 5-4 中每个目标点都可以被不少于一个的物联网节点覆盖，因此，对各个目标覆盖点的数组中至少有一位为 1，即对目标覆盖点实现了完全覆盖。但当硬件资源不足、物联网节点数目较少、无法实现完全覆盖时，则要根据覆盖代价上限进行相关的节点部署。此时，可将网格物联网节点覆盖问题转化为求解距离错误的最小化问题，从而得到物联网节点的最优化覆盖方法。

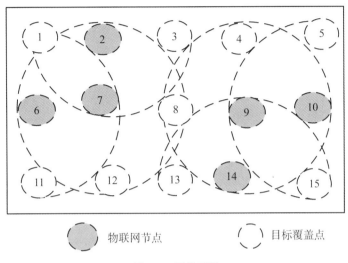

图 5-4　网格覆盖

2. 贪婪的连通物联网节点覆盖方法

该覆盖方法属于连通性覆盖中的连通路径覆盖及确定性面点覆盖类型[107,108]。

在贪婪的连通物联网节点覆盖方法中，假设初始化选择的物联网节点集 M 为包含了部分物联网节点的一个集合。网络中其他与 M 存在部分重叠覆盖区域的物联网节点，称为候选节点。算法开始后，首先选择一个随机的节点集合 M，然后从节点集合 M 的节点中选择与候选节点可覆盖更大范围的路径，并将此路径中的物联网节点加入初始化的 M 集合，形成一个新的物联网节点集合 M'，而后算法继续上一步骤，直至所需覆盖的目标区域或目标点被节点集合 M' 完全覆盖。

图 5-5 所示为贪婪的连通物联网节点覆盖方法的运行过程图，图 5-5(a)中，闭合曲线区域为初始化集合 M，算法运行开始后，在随机选择集合 M 后，为了得到更大的覆盖区域，比较选择得到路径，从而得到图 5-5(b)中的物联网节点集合 M'。

3. 轮换活跃/休眠物联网节点的覆盖方法

在轮换活跃/休眠物联网节点的覆盖方法中，算法通过在某一周期内休眠部分可被替代的物联网节点，从而延长整个物联网的生存时间。算法开始后，首先由各物联网节点向周围的所有邻居节点发送广播消息，告知自身位置信息和 ID 信息，然后各物联网节点根据收到的邻居节点的广播消息，检查自身的覆盖区域可否被其他邻居节点覆盖，如果可以，则发送状态告知消息，而后就进入物联网节点休眠模式，其他的物联网节点则继续工

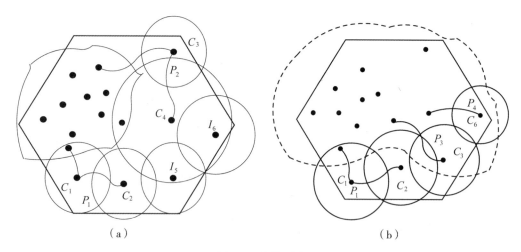

图 5-5　贪婪覆盖

作模式[109,110]。

　　该方法通过使部分可被替代的物联网节点休眠，大大延长了整个物联网的生存时间。但是这种机制存在一个问题，即当周围的物联网邻居节点同时发现自身的覆盖区域可被其他邻居节点覆盖，且随后一同进入物联网节点休眠模式后，会导致部分原本被覆盖的区域出现盲区或盲点。

　　如图 5-6 所示，物联网节点 e 和 f 在初始时刻时，其所覆盖的区域均可被周围的物联网节点 a，b，c，d 覆盖，当物联网节点 e 和 f 随后进入休眠模式时，则在原本被覆盖的区域中出现如图 5-6(b) 所示的不能被覆盖的盲区或盲点，即图中的阴影区域。为了有效防止这种现象的发生，可在物联网节点检查自身的覆盖区域可否被其他邻居节点覆盖前，加

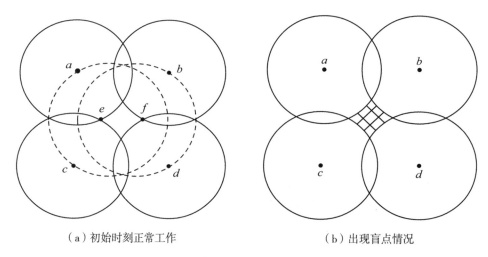

（a）初始时刻正常工作　　　　　　　　　（b）出现盲点情况

图 5-6　轮换活跃和休眠节点覆盖

入一个随机退避时间,物联网节点在这个随机退避时间后再进行相应检查,并在部分可被替代的节点进入休眠模式前,随机等待一段时间来查看物联网中的邻居节点的状态,以此避免出现如图 5-6(b)所示的盲区。

4. 最坏情况物联网节点覆盖方法

最坏情况物联网节点覆盖方法属于栅栏覆盖类型,其也可划分为确定性物联网路径/区域覆盖[111]。算法以物联网中未知的移动目标为监测对象,当有未知的移动目标试图通过物联网节点部署区域时,即被网络监测发现,并被通过路径上的物联网节点捕获信息。算法中通过定义未知的移动目标的最大突破路径,来表示该未知的移动目标不被物联网监测到的概率最小情况,即物联网网络最坏的情况。未知的移动目标的最大突破路径由 Vornoi 图中的线段进行构建。如图 5-7 所示,从 S 到 D 的最大突破路径为图中 Delaunay 三角形各边的垂直平分线构成的带箭头虚线。

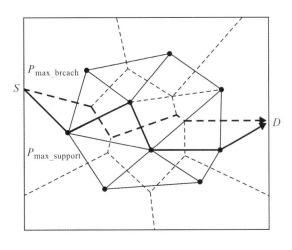

图 5-7 最坏情况覆盖

5.2 基于改进差分进化算法的森林火灾监测节点覆盖优化算法

5.2.1 森林火灾监测物联网节点覆盖问题描述

节点覆盖问题是森林火灾监测物联网的一个重要问题。在大范围环境下的基于物联网的森林火灾智能监测系统中,森林火灾监测节点在采取炮弹投射或飞机撒播的方式进行首次随机部署时,其中部分节点为履带机器人或智能小车搭载的具有移动能力的节点,其他节点为普通节点,以利于通过动态调整的方法实现森林火灾监测节点的优化覆盖。本章针对这一实际应用背景开展物联网森林火灾监测节点覆盖的相关研究。

本章将此问题通过如下模型进行描述。

假定存在目标监测区域 A，且其为一个二维平面，通过网格将该目标监测区域 A 划分为 $m \times n$ 个网格点，同时，将可覆盖该目标监测区域上的森林火灾监测物联网节点用集合表示：

$$S = \{s_1, \ s_2, \ \cdots, \ s_n\} \tag{5-1}$$

式中，在森林火灾监测物联网系统节点集合 S 中，$s_i = \{x_i, \ y_i, \ r_i\}$ 用来描述森林火灾监测物联网系统中某一节点 s_i 的覆盖模型，$(x_i, \ y_i)$ 表示该系统节点 s_i 在二维平面中的坐标，r_i 为该物联网节点 s_i 的感知半径。这里定义 r_c 为节点 s_i 的通信半径，则存在 $r_c \geqslant 2r_i$，以保证森林火灾监测物联网系统节点在部署后形成的网络是一个可以相互连通的网络，且其中所有森林火灾监测物联网节点的定位信息都可通过本书第 4 章中的定位算法准确获得。

对于二维平面中森林火灾监测目标覆盖区域内的任一栅格点 p_j，与森林火灾监测物联网节点 s_i 之间的欧氏距离，可利用公式表示为

$$d(s_i, \ p_j) = \sqrt{(x_i - x_j)^2 + (y_i - y_j)^2} \tag{5-2}$$

这里对森林火灾监测目标覆盖区域内的任一栅格点的覆盖情况采用二值函数模型来表示，即当森林火灾监测物联网节点 s_i 与栅格点 p_j 的欧氏距离 $d(s_i, \ p_j)$ 在节点 s_i 的覆盖范围内，即其值小于节点 s_i 的感知半径 r_i 时，则表示二维平面中目标覆盖区域内的栅格点 p_j 可以被节点 s_i 覆盖，即覆盖函数值为 1，否则为 0，通过公式表示为

$$c_b(s_i, \ p_j) = \begin{cases} 1, & \text{if} \quad d(s_i, \ p_j) < r_i(s_i) \\ 0, & \text{otherwise} \end{cases} \tag{5-3}$$

森林火灾监测物联网节点的网络覆盖率可表示为目标覆盖区域内，被森林火灾监测物联网节点覆盖的区域面积与整个目标监测区域面积的比值，可利用数学公式表示为

$$\text{Max } F_i = \frac{\sum_{j=1}^{N} c_b(p_j)}{N} \tag{5-4}$$

式中，$c_b(p_j)$ 表示二维平面中目标覆盖区域内的所有物联网节点在栅格点 p_j 处取得的总的覆盖函数值。式(5-4)也作为本书后续用到的适应度函数。

由式(5-4)可见，适应度函数值越大，覆盖率就越大，森林火灾监测网络的覆盖效果就越好。通过计算适应度函数最大化的最优解，即可得到优化后节点的位置估计，提高整个森林火灾监测物联网节点的覆盖率。

5.2.2　DE 算法改进

差分进化算法的本质思想来源于生物种群内的遗传进化，并模拟这一过程而产生，其算法中主要包括适应度评价函数、算法操作、算法参数设置三个部分。其中，适应度评价函数是差分算法具体执行的依据和方向，反映了算法遗传进化的最终目标，是用来评价具体问题是否已获得最优解的指针，通常根据实际问题表示为某一函数的最大值或最小值。算法操作是差分算法内部的数学操作过程，不需要引入某一问题其他的信息，具体过程与

其他仿生算法相似，如变异、交叉、选择等过程，区别在于算法的具体操作顺序有差异[112-114]。

DE 算法是一种简捷而且搜索能力强的进化算法。对标准测试函数和实际工程问题，DE 算法以快的收敛速度和高质量的解优于其他进化算法。尽管与其他进化算法相比，DE 算法具有相对良好的性能，但对于工程实际中的一些复杂优化问题，DE 算法会表现出求解质量不高或者收敛速度慢等不足[115,116]。造成这一结果的原因是 DE 算法不能有效地利用已求得的目标函数信息。

针对森林火灾监测物联网节点覆盖优化问题，本书提出一种基于二次插值的混合差分进化算法。该算法是在 DE 算法的框架下，嵌入简化二次插值(SQI)方法来改善原始 DE 算法的整体性能。SQI 方法旨在提高算法的局部搜索能力，减少算法的计算代价。

简化的二次插值法是一种曲线拟合的搜索方法，该方法具有使用方便、无需原函数的导数信息的特点，大大降低了运算难度，提高了运算速度，作为启发式搜索算子使用时具有较好的性能。本书将其作为局部搜索算子，嵌入 DE 算法中，加速标准 DE 算法的收敛速度，改善解的精度。SQI 的具体数学表达式如下：

$$p_{\cdot j} = \frac{1}{2}\left[\frac{(x_{2i}^2 - x_{3i}^2)f(x_1) + (x_{3i}^2 - x_{1i}^2)f(x_2) + (x_{1i}^2 - x_{2i}^2)f(x_3)}{(x_{2i} - x_{3i})f(x_1) + (x_{3i} - x_{1i})f(x_2) + (x_{1i} - x_{2i})f(x_3)}\right], \quad i = 1, 2, \cdots, D$$

(5-5)

其中，$\boldsymbol{x}_j = (x_{j1}, x_{j2}, \cdots, x_{jD})^T$，$j = 1, 2, 3, \cdots, D$ 表示 D 维的试验点；$\boldsymbol{p} = (p_{\cdot 1}, p_{\cdot 2}, \cdots, p_{\cdot D})^T$ 是通过式(5-5)计算得到的新试验点；$f(\cdot)$ 为求解问题的目标函数。SQI 局部搜索算子的伪代码如表 5-1 所示。设置 LocalK 小于等于 MaxN 是为了避免程序陷入死循环，MaxN 表示 SQI 计算的最大次数。另外，我们通过做额外的数值仿真来选择合适的 MaxN。从仿真结果来看，当进化算法的种群规模(NP)小于 30 时，建议 MaxN 取 1；否则，MaxN 取 3。

表 5-1　　　　　　　　　　　　**SQI 局部搜索算子的伪代码**

SQI 局部搜索算子的伪代码及步骤
Step 1　找到 NP 个点中的最好点和最差点及它们的适应度值：b, w, f_b, f_w (最好点、最差点、最好和最差的适应度值)。设置 LocalK = 1。
Step 2　DO。
Step 2.1　随机从 NP 个点中选取 x_2 和 x_3，且满足 $x_2 \neq x_3 \neq b$，令 $x_1 = b$。
Step 2.2　按照式(5-5)计算新试验点 $\boldsymbol{p} = (p_{\cdot 1}, p_{\cdot 2}, \cdots, p_{\cdot D})^T$。
Step 2.3　计算 f_p 的值，同时设置 LocalK = LocalK + 1。
Step 3　若 $f_p < f_w$，且 LocalK ≤ MaxN，则用点 p 替换点 w。

5.2.3　基于改进差分进化算法的森林火灾监测节点覆盖算法步骤

综上所述，本书针对森林火灾监测物联网节点分布优化，提出一种基于二次插值的混合差分进化改进算法。该定位方法实现过程如下。

第 1 步：参数设置，种群规模 NP、尺度因子 F、交叉概率 CR、最大进化代数 G_{max}、函数值计算次数 NFC。

第 2 步：随机生成种群规模为 NP 的初始种群，求 NP 个个体的适应度值。

第 3 步：判断是否满足终止准则，如果满足，则算法终止，转向第 6 步；否则转向第 4 步。

第 4 步：根据公式对当前种群个体进行 DE 变异操作、DE 交叉操作、DE 选择操作。

第 5 步：执行局部搜索算法 SQI。

第 6 步：输出求得的最好结果。

5.3　仿真验证及分析

5.3.1　仿真参数设置

本书采用 MATLAB 7.0 环境，进行森林火灾监测节点的模拟仿真验证，设置的种群个体数 NP 为 40，最大进化代数为 300，缩放比例因子 $F = 0.5$，交叉概率 $CR = 0.9$。设置传感器节点的有效感知半径为 12m，在 100m×100m 的模拟森林火灾监测区域内，对 30 个森林火灾监测移动传感器节点的分布进行仿真。结果如图 5-8 所示。

图 5-8（Ⅰ）和图 5-8（Ⅱ）分别表示在标准差分进化算法和改进后的差分进化算法两种情况下，模拟 30 个森林火灾监测物联网节点覆盖的动态变化过程。由图 5-8 可知，在初始时刻，森林火灾监测物联网节点的随机分布并不均匀，一部分区域森林火灾监测物联网节点较为密集，另一部分区域森林火灾监测物联网节点则较为松散，使得整个目标监测区域呈现出部分盲区。算法在运行迭代 100 次，200 次，300 次后，森林火灾监测物联网节点在目标监测区域的分布表现得更合理，大部分的目标监测区域已被森林火灾监测物联网节点覆盖到。改进后的算法得到的节点分布覆盖面积更大，最终运行结果比原差分进化算法的运行结果更好。

5.3.2　仿真分析

在不同的森林火灾监测物联网节点数及不同的迭代次数下，分别观察基于标准 DE 算法和改进后优化算法的森林火灾监测节点的覆盖率，通过 MATLAB 仿真可得到图 5-9 和图 5-10。

（1）在不同的节点数情况下，设最大进化代数为 120 次，森林火灾监测节点的有效感知半径分别为 12m 和 8m，其他仿真参数同前，仿真可得图 5-9。

从图 5-9 可知，在相同的森林火灾监测覆盖率下，本章改进后的分布优化算法比标准 DE 算法需要的森林火灾监测节点数少。当森林火灾监测节点有效感知半径为 12m，迭代次数为 120 次，覆盖率要求达到 95% 以上时，改进后的 DE 优化算法比原标准 DE 算法需要的森林火灾监测节点数少 10 个；当森林火灾监测节点有效感知半径为 8m，迭代次数为 120 次，覆盖率要求达到 80% 以上时，改进后的 DE 优化算法比原标准 DE 算法需要的森林火灾监测节点数少 13 个。总体来看，本章改进后的 DE 优化算法相比原标准 DE 算法，在不同的森林火灾监测节点通信半径和节点数情况下，均可获得更好的覆盖率。

（2）在不同的迭代次数情况下，设森林火灾监测节点数为 30 个，节点的有效感知半径分别为 12m 和 8m，其他仿真参数同前，仿真可得图 5-10。

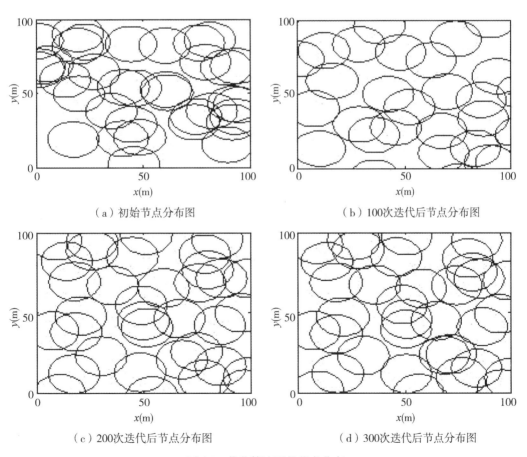

（a）初始节点分布图   （b）100次迭代后节点分布图

（c）200次迭代后节点分布图   （d）300次迭代后节点分布图

（Ⅰ）DE 优化算法下的节点分布

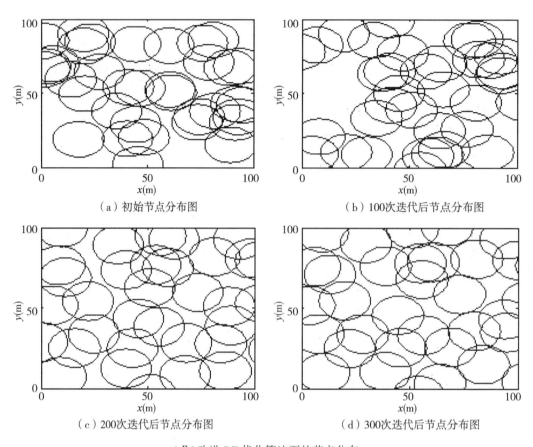

（a）初始节点分布图　　　　　　　　（b）100次迭代后节点分布图

（c）200次迭代后节点分布图　　　　　　　　（d）300次迭代后节点分布图

（Ⅱ）改进 DE 优化算法下的节点分布

图 5-8　DE 优化算法和改进 DE 优化算法下的节点优化分布

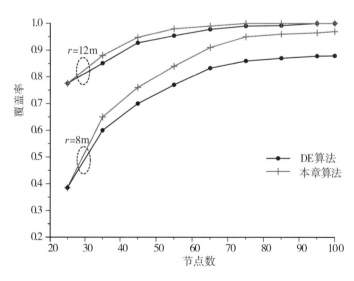

图 5-9　不同节点数下两种算法的覆盖率比较

从图 5-10 可知，在森林火灾监测物联网节点数为 30 个，有效感知半径为 12m 时，本章改进后的 DE 优化算法在迭代 200 次后趋于收敛，标准 DE 优化算法在迭代 400 次后趋于收敛；在森林火灾监测物联网节点数为 30 个，有效感知半径为 8m 时，本章改进后的 DE 优化算法在迭代 320 次后趋于收敛，标准 DE 优化算法在迭代 420 次后趋于收敛。总体来看，本章改进后的 DE 分布优化算法比标准 DE 分布优化算法收敛速度更快，森林火灾监测覆盖率更高。

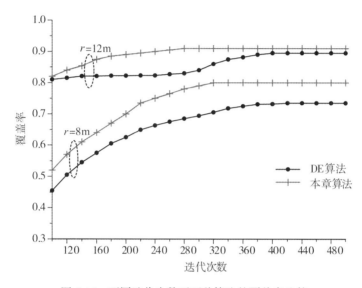

图 5-10　不同迭代次数下两种算法的覆盖率比较

5.4　小　　结

森林火灾监测物联网节点覆盖优化是森林火灾监测系统中的一个重要问题，也是森林火灾监测后续问题的研究基础。对森林火灾监测物联网节点覆盖进行优化，可以更合理地分配网络资源，对于环境感知和信息获取精度等都具有至关重要的作用。本章提出一种基于改进差分进化的森林火灾监测物联网节点有效覆盖方法，该方法在标准 DE 算法的基础上，提出基于二次插值的混合差分进化算法对森林火灾监测物联网有效覆盖进行优化。仿真结果表明，算法的改进提高了原算法的局部搜索能力，减少了算法的计算代价，加速了标准 DE 算法的收敛速度，改善解的精度，对森林火灾监测物联网的节点优化部署应用具有一定的参考价值。

第6章 基于物联网的森林火灾监测系统数据收集研究

6.1 概 述

森林火灾监测物联网节点的数据收集根据收集方式的不同，可以分为静态数据收集和移动数据收集。静态数据收集是指森林火灾监测物联网的无线传输链路建立后，森林火灾监测物联网中的节点通过自组网将采集到的数据发送至数据接收节点。移动数据收集是指森林火灾监测系统通过可移动的物联网数据接收节点，在接近数据采集节点后，再通过无线方式收集数据。系统中该移动数据接收节点可以安装在小型无人机或者履带式智能小车上。森林火灾监测物联网移动数据收集的过程可以简述为，在一系列目标地点中，移动数据收集器需要寻找一条代价最小的路径访问每一个目标地点一次且仅一次，然后返回到起始点。其中，如何以最小的代价完成对目标地点的遍历寻访是解决该问题的目标所在。

本章针对大范围森林火灾监测物联网系统中，森林火灾监测物联网节点由于火灾烧毁、树木倾倒压损造成部署方式被破坏，自组网网络中断，采集节点形成信息"孤岛"或者网络瘫痪无法采集的问题，提出一种通过无人机作为数据接收节点，采用改进的蚁群优化算法优化无人机路径的方法，遍历所有森林火灾监测信息"孤岛"节点，实现数据的收集。这种数据收集方式，作为物联网静态收集的有益补充，具有广阔的应用前景。

6.2 常见无人机路径规划技术比较

随着无线通信与自动化控制技术的不断进步，近年来，无人机（UAV）技术日益受到人们的广泛关注。无人机技术是一种利用无线通信技术控制不载人飞机或设备，按照某种程序或任务飞行的技术，是世界上大多数国家对新型无人小飞机技术进行表述的专业术语[116-119]。

国内无人机市场已发展了30余年，从最初的军用领域逐渐扩展到民用领域，如城市管理、农业、地质、气象、电力、抢险救灾、视频拍摄等行业。目前国内消费无人机市场火热，普通民众对无人机的认可程度和需求度逐渐攀升，过去几年来，无人机企业融资次数、换手数量和产品用途都明显增多，甚至出现指数型增长，监管制度方面也有了进一步的完善。未来五年民用无人机行业将继续保持较快的发展态势，2017年12月，《工业和信息化部关于促进和规范民用无人机制造业发展的指导意见》发布，明确了民用无人机产业的发展目标，到 2025 年，民用无人机产值将达到 1800 亿元，年均增速 25%以上。

无人机由于具有应用场景广泛、制造成本低、性价比高、无生命伤亡风险、对应用场景要求低、良好的机动性和可靠性、使用便捷等优势，在社会发展和人民生活的各个方面发挥着不可替代的作用。在森林火灾监测系统中，载有数据接收装置的无人机，可在无线网络在灾害中被破坏的情况下，作为对无线网络的有益补充，实现对现场采集节点的数据采集回收，具有广阔的应用前景。

航迹规划是伴随无人机技术发展起来的一项现代智能技术，已广泛应用于无人机导航系统中。无人机航迹规划的主要任务是在具体应用场景中，在无人机资源受限，如油量或电源能量不足、遇空中威胁和不可飞越区域等情况下，为无人机的可靠安全飞行选择一条最优飞行路径的过程，以使无人机能够尽可能地避开各种障碍，安全地抵达目的地，并且完成预定任务。航迹规划是无人机完成自身任务的关键，常采用智能算法来解决航迹规划问题，其中常见的智能算法主要包括遗传算法、粒子群优化算法、人工神经网络算法、蚁群优化算法等。

1. 遗传算法

遗传算法(Genetic Algorithm)早在 1975 年就被提出，其思想来源于生物科学界的遗传进化规律，并应用数学和计算机科学对这一规律进行模拟研究而得来，是一种随机化的全局寻优算法。遗传算法的原理是将目标对象的相关参数等信息构造成遗传进化规律中的各个基因，由多个基因再构成遗传进化规律中的染色体，多个染色体再进行遗传进化规律中的选择、交叉和变异等生物遗传进化操作，并赋予其某一终止条件，进行若干次的迭代计算，从而得到符合最终要求的运算结果。遗传算法由于不需要导数信息，面向目标对象直接操作，基于概率的搜索方法，具有自动调整搜索方向的能力等特点，在信号处理、自动化控制和人工智能等领域，已取得了广泛应用，成为一种重要的智能仿真算法。

采用遗传算法进行无人机航迹规划的主要步骤如下。

(1)编码。在采用遗传算法运行前，需要对无人机的位置信息和航迹进行编码操作。编码构成的染色体代表了无人机的某一可能航迹。

(2)初始群体生成操作。利用计算机随机生成 X 个串结构数据，其中的每个随机生成的数据都代表一个无人机可能存在的航迹位置，X 个串结构数据代表了无人机可能存在的所有航迹位置。

(3)适应度函数选择。遗传算法中的适应度函数是运算操作的方向和指针，是算法迭代计算和寻优的驱动，因而显得较为重要。

(4)遗传算子操作。算法运行主要依靠选择、交叉、变异这三个基本的遗传算子进行操作，引导个体不断向最优解个体进化。

(5)航迹最优路线生成。算法通过上述操作，不断迭代进化，直到满足终止条件，从而得到符合条件的最优解，最终获得最优航迹。遗传算法的流程图如图 6-1 所示。

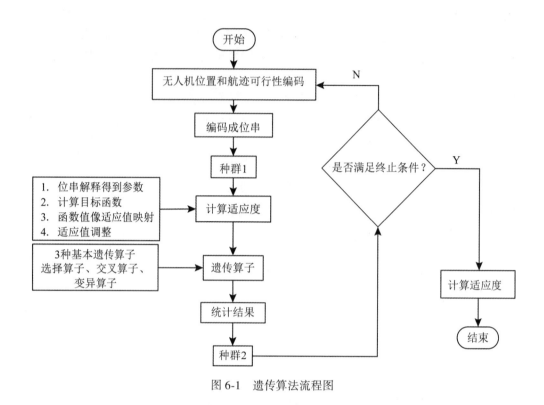

图 6-1　遗传算法流程图

利用遗传算法计算最优航迹的优点表现在：算法鲁棒性好、简单灵活、不受搜索范围局限、运行高效可靠，是一种可实现并行搜索的全局寻优智能搜索方法。缺点主要表现在：计算得到的解的精度低，运算时间长，主要用于离线操作等。

2. 人工神经网络算法

人工神经网络(ANN)算法是一种用数学模型对信息进行处理的算法，其思想是模拟人脑的神经网络，构造出由若干信息处理单元，通过某种方式连接起来的、具有一定信息处理能力的网络。人工神经网络中的节点为信息处理单元，可以是某种数学激励函数。节点间的连接为信号处理的加权值。人工神经网络的输出结果根据信息处理单元的网络构成方式、信号处理的加权值和激励函数而得到。人工神经网络是一个具有自适应能力的非线性信号处理系统，是在充分学习生物神经系统的研究基础上而提出的。人工神经网络具有自学习能力强、可并行计算、高速寻优等特点，能充分利用计算机的快速计算性能，因此，在信号处理、优化组合、智能机器人等领域已获得广泛应用。

利用人工神经网络进行无人机航迹规划的步骤如下。

(1)首先对所要规划的空间信息进行离散化，构建无人机路径规划的人工神经网络模型，如 Hopfield 神经网络模型。

(2)利用已知的数字地理信息和系统的约束条件等设计神经网络的能量函数，用来描述系统的优化程度。

（3）考虑到计算机处理的串行工作模式，将所构建的并行 Hopfield 人工神经网络模型进行串行模拟转换。

（4）如果人工神经网络模型进行串行模拟转换后的结果可以符合要求，则在无人机航迹规划空间构建出数值势场，且此数值势场具有单峰梯度性质。

（5）利用上述步骤取得的势场和无人机路径规划的约束条件，在无人机路径规划空间内计算寻找出最佳无人机飞行航迹。

利用人工神经网络计算无人机最优航迹的优点表现在，可以实现并行计算，从而提高寻找最优解的速度；但这种方法计算量相对较大，寻优过程中容易导致局部最优解等。

3. 粒子群优化算法

粒子群优化算法（PSO）的思想源于自然界鸟群觅食这一自然现象。鸟在觅食的过程中会向着距离食物最近的鸟的附近区域靠近，粒子群优化算法正是受到这一规律的启发，在对生物集群行为研究的基础上，通过生物群体间信息的共享，使所求问题的解在某一求解范围内呈现从无规律到有规律的渐进过程，并最终取得问题的最优解。粒子群优化算法是一种仿生智能算法，也属于一种进化计算方法。

粒子群优化算法相比于遗传算法，更加简单方便，且无需调整许多参数，也没有交叉、变异等算子操作，容易实现。该算法在初始时刻将初始化一群随机解，而后通过不断迭代计算，更新粒子的位置和速度信息，即更新解空间，最终获得问题的最优解。目前，粒子群优化算法已在智能优化、模糊控制、信息处理等社会生产和生活方面取得广泛应用。

利用粒子群优化算法实现无人机航迹规划的步骤如下。

（1）对于无人机飞行的航迹规划进行数学建模，包括无人机航迹飞行代价数学函数和约束条件等。

（2）根据粒子群优化算法原理，构建无人机航迹规划的算法的框架和控制函数。

（3）进行试验和仿真。

（4）对照获得的结果，进行分析和实验改进。

通过粒子群优化算法进行无人机航迹规划的优点主要体现在：可以快速获得最优解，提高算法的寻优能力，高效完成无人机航迹规划目标。但当与地理信息结合时，随着无人机飞行高度的提高，航迹规划趋于随地形变化，容易被探测器发现，进而带来安全隐患。

4. 蚁群优化算法

蚁群优化算法（ACO）是一种模拟蚂蚁觅食行为的模拟优化算法，由意大利学者 Dorigo M 等于 1991 年首次公开提出。算法思想受生物界蚂蚁觅食过程中蚂蚁相互交换消息发现食物所在路径这一现象启发，并采用数学模型对这个过程进行模拟、编程，从而得到一种基于种群的仿生算法。蚂蚁觅食时，在其经过的所有路径上释放一种可以传递消息的物质，即信息素，其他通过该路径的蚂蚁能够自动接收到这种信息素，并由此判断正确的行动轨迹，当信息素在某一路径上的积累越多时，则其余蚂蚁选择从该路径经过的可能性就越大，最终形成一种正反馈现象，引导后续蚂蚁对路径作出正确判断。蚁群优化算法是一种启发式算法，采用分布式并行计算，鲁棒性好，与其他方法结合使用方便，已广泛应用于路由选择、信息分类、模式识别等各个方面。

利用蚁群优化算法实现无人机航迹规划的步骤如下。

(1)依据已知的影响到无人机飞行路径的因素构造出 Voronoi 图，并给图中的每个边赋予初始状态的信息素值。

(2)根据算法中的状态转换规则，确定从人工蚂蚁的初始位置到最终终点的路径选择过程。

(3)当算法循环完成后，根据选择的路径分别计算出每条路径的总代价，并更新最优路径。

(4)更新信息素的值，即对 Voronoi 图每条边的权值进行更新，并将人工蚂蚁没有通过的节点的信息素值去掉。

采用蚁群优化算法进行无人机航迹规划，具有较好的协作性、鲁棒性，寻优能力好，并具有良好的并行性和动态特性。

6.3　基于改进蚁群算法的森林火灾监测数据收集路径优化算法

6.3.1　森林火灾监测无人机数据收集问题描述

无人机作为森林火灾监测数据接收节点，对森林火灾监测物联网系统中的采集节点，进行数据收集的过程可描述为：在所有需要被采集的森林火灾监测物联网信息"孤岛"节点中，无人机数据接收节点需要寻找一条距离最短的飞行路径，访问每一个森林火灾监测物联网信息"孤岛"节点一次，且仅一次，然后回到出发点。在此过程中，如何寻找一条距离最短的飞行路径，是解决森林火灾监测物联网无人机数据收集的关键问题。本节将此问题抽象为旅行商问题进行研究。

旅行商问题[120]由于易于描述，难以解决，已经引起了数学家和计算机科学家的高度重视。旅行商问题可以用一个完整的有向图进行表示，其中包括一组节点(顶点)，也称为"城市"，在森林火灾监测物联网无人机数据收集问题中，即为需要被访问的森林火灾监测物联网采集信息"孤岛"节点；一组弧以及和每个弧相关的距离矩阵，即为需要被访问的森林火灾监测物联网采集节点间的连线和相关的距离矩阵。距离矩阵可以是对称的或不对称的，其中对称的距离矩阵表示距离与方向无关，非对称的距离矩阵表示至少存在一对节点的距离与方向有关。在本章研究的森林火灾监测物联网无人机数据收集问题中均采用对称的距离矩阵，距离矩阵可由欧式距离结合第 4 章中的定位方法求得。旅行商是在图中经过所有的点，并找到一个最短的封闭之旅。本章研究所用到的 TSP 数据均来源于

TSPLIB 基准库。

定义变量：

$$x_{ij} = \begin{cases} 1, & \text{if the arc}(i, j)\text{is in the tour} \\ 0, & \text{otherwise} \end{cases} \qquad (6-1)$$

该森林火灾监测物联网无人机数据收集路径规划问题可以通过下面的整数规划表示。

目标函数：

$$z = \min \sum_i \sum_j d_{ij} x_{ij} \qquad (6-2)$$

约束条件描述如下：

$$\sum_{i=1}^{n} x_{ij} = 1, j = 1,2,3,\cdots,n \qquad (6-3)$$

$$\sum_{j=1}^{n} x_{ij} = 1, i = 1,2,3,\cdots,n \qquad (6-4)$$

$$x_{ij} \in \{0,1\}, i,j = 1,2,3,\cdots,n \qquad (6-5)$$

$$\sum_{i,j \in S}^{n} x_{ij} \leqslant |S| - 1, 2 \leqslant |S| \leqslant N - 2 \qquad (6-6)$$

式中，目标函数式(6-2)描述被最小化的总成本，即以森林火灾监测物联网无人机数据收集路径的最小值为目标函数。约束公式(6-3)~式(6-4)确保每一个城市被访问到，即确保需要被访问的森林火灾监测物联网采集节点被访问到。约束公式(6-5)描述变量为0~1的完整性约束。约束公式(6-6)保证在最后一条路线中的每一个城市将被访问一次，即确保需要被访问的森林火灾监测物联网采集节点被访问一次。本章采用改进的蚁群优化算法来求解森林火灾监测无人机数据收集路径的优化问题。

6.3.2 蚁群优化算法原理及研究现状

蚁群优化(ACO)算法是一种仿生优化算法，它模拟蚂蚁群体智能的行为。它最初是由 Dorigo 在 20 世纪 90 年代提出的[121]。蚁群优化算法具有较强的鲁棒性、分布式合作等优点，已广泛应用于旅行商路径优化、车间调度、物流配送、数据挖掘、图像处理、网络通信等方领域[122-126]。蚁群优化算法已成为解决组合优化问题的最有效的方法之一。

蚁群优化算法是一种基于先验信息和信息素的正反馈机制的群智能算法。其核心思想是通过使用信息素浓度来引导每个蚂蚁的行为，以使整个蚁群逐步走向全局最短路径。因此，信息处理方法对整个算法的效率和准确性都有很大的影响。但由于蚁群优化算法采用随机概率选择和信息素正反馈策略，存在很多的问题，如稳定性差、收敛速度、缓慢停滞的现象，容易陷入局部最优解等。为了更好地改善这些存在的问题，许多学者提出了很多改进的蚁群优化算法。Janson 等研究了在一个动态可重构网格体系结构上执行蚁群优化(ACO)算法的问题[127]。Mitica 和 Catalin 提出了一种基于蚁群优化算法的 P2P 网络改进的分布式负载平衡(LB)范式，采用常量和变量的启发式值进行仿真，并对两种方式进行了比较[128]。Leng 等考虑了设备的约束和制造成本和时间，基于初始加权方向图和细胞中动态信息素更新，提出了一种用于制造过程调度的改进的蚁群优化（ACO）算法[129]。Duan等提出了一种基于网格的蚁群优化算法来调整参数的一种新的非线性比例积分微分型控制器（NLPID）的应用[130]，这种非线性比例积分微分型控制器主要用于飞行模拟器中。Abadeh 等提出了一种引入模糊分类规则的进化算法[131]。该算法采用一种基于局部搜索的蚁群优化来提高最终的模糊分类系统的质量。Huang 提出了一种新的混合蚁群优化算法的分类器模型，它结合蚁群优化（ACO）和支持向量机（SVM）采用小的、合适的特征子集来改善分类精度[132]。仿真结果表明，混合的方法可以正确选择有区别的输入特点，也实现了较高的分类精度。Li 和 Tian 提出了一种改进的蚁群优化算法，用于搜索最优路径和组播树的建立以满足组播路由的服务质量约束[133]。仿真结果表明，该算法比其他的路由算法具有更好的性能，并且可以快速地建立多播树。Zhang 和 Tang 提出了一种新的混合蚁群优化的方法称为 SS_ACO 算法求解车辆路径问题[134]。该算法的主要特征是对蚁群优化算法的求解构建机制与分散搜索（SS）进行混合。Yi 和 Lai 提出了一种新的蚁群优化算法来处理 p//T（p//T-ACO），并设计了将 p//T 映射到蚁群优化环境的计算模型[135]。理论分析和对比仿真表明，p//T-ACO 具有更好的性能，可以用来有效地解决大规模问题。Jiang 等提出了一个动态的蚁群优化（ACO）算法来解决动态交通路径问题[136]。这项工作的主要目标是在一个可变边权重图中，寻找最小时间成本路径。Shuang 等提出了一种基于蚁群优化算法和粒子群优化（PSO）算法的 PS-ACO 混合算法[137]。ACO 的信息素更新规则与粒子群优化算法的局部和全局搜索机制进行结合，通过对旅行商问题的仿真，给出收敛性分析和参数选择。Janaki 等提出了一种蚁群优化（ACO）算法选择类别特征以便将较长的文件分类到密切相关的目录中[138]。

Geng 等提出了一种定向的蚁群优化（DACO）求解非线性资源均衡问题的算法[139]。DACO 算法能有效提高收敛速度和真实的项目调度方案的质量。Xing 等提出了一种混合蚁群优化（ACO）算法（HACOA）解决扩展弧路径（CARP）问题[140]。这种方法的特点是利用启发式信息，自适应参数和局部优化技术。Cao 等提出了一种新的蚁群优化算法用于在指纹大变形情况下，建立细节特征的对应关系，建立大变形[141]。该方法在 FVC2004 DB1 上进行了测试，并在实验室里建立了指纹交叉匹配的数据库。Li 等提出了一个改变指数的有前景的修正来解决基本蚁群优化算法的早熟收敛问题，并找到对结构系统可靠度计算的一种有效方法[142]。Zhao 等通过引入极值优化局部搜索算法到蚁群优化（ACO）算法，提出了一种混合蚁群优化算法，并应用于多用户检测的直接序列超宽带（DS-UWB）通信系统[143]。Janaki Meena 等提出将文本特征选择问题作为一个组合问题，用蚁群优化算法对同一部分找到最优解[144]。Chen 等提出了一种基于气味扩散原理的快速两阶段蚁群优化算法克服了传统蚁群优化算法固有的问题[145]。其基本思想是把启发式搜索分为两个阶段：预处理阶段和规划阶段。Hsu 和 Juang 提出了一种移动机器人的进化墙跟随控制，采用物种差分进化触发连续蚁群优化（SDE-CACO）的区间二型模糊控制（IT2FC）[146]。该 SDE-CACO 与各种人群的优化算法的比较，表现出其在墙跟随控制问题上的效率和效力。Li 等提出了一种改进的蚁群优化（ACO）算法来解决在建设工程项目群管理资源调度的主体性问题[147]。

Ke 等提出了一种多目标 EA，即 MOEA/D-ACO，基于蚁群优化（ACO）和多目标进化算法（EA）结合的算法[148]。这里也证明对背包问题，MOEA/D-ACO 中的启发式信息矩阵，是目标 MOEA/D-ACO 良好性能的关键。Elloumi 等基于粒子群优化（PSO）和蚁群优化（ACO）算法，提出了一种新的混合方法（PSO-ACO）求解旅行商问题（TSP）[149]。Shima 和 Hossein 提出了一种新的基于蚁群优化算法的特征选择算法，称为先进的二进制蚁群优化算法（ABACO）[150]。对该算法的性能与其他算法进行了比较。Xiong 等提出了一种改进的多目标蚁群优化算法，该算法考虑了目标节点的实时性，生成节点序列[151]。

虽然改进的蚁群优化算法在求解复杂问题时表现出更好的优化性能，但较低的进化速度和停滞现象依然存在于改进的蚁群优化算法中。本书提出一种改进的蚁群优化（IWSMACO）算法，将信息权重因子和监管机制引入基本蚁群优化算法正是为了改进低进化速度和避免走向停滞的趋势，改善每次迭代解的质量，提高算法在森林火灾监测无人机数据收集路径优化中的求解能力。

蚁群优化算法是由许多完整的解组成。在每一次迭代过程中，利用启发式信息和以前的蚂蚁种群的积累经验，构建完整的解。这些收集的经验通过信息素的踪迹来表示。每只蚂蚁随机从一个城市出发，根据转移规则去参观其他城市。蚂蚁走完路线后，系统将评估路径的长度，并利用信息素更新规则更新每条路径的信息素。蚂蚁的学习过程是反复更新信息素的过程。蚁群优化算法的流程如图 6-2 所示。

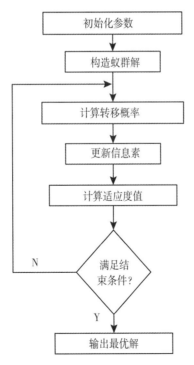

图 6-2 蚁群算法流程图

1. 转移规则

在路线上，第 k 个蚂蚁从第 i 个城市出发，下一个城市根据如下的公式，从未经过的 J_r^k 个城市中选择：

$$s = \underset{u \in J_r^k}{\arg\max}[\tau_i(t)^\alpha \cdot \eta(t)^\beta], \quad \text{if} \quad q \leqslant q_0(\text{Exploitation}) \tag{6-7}$$

要访问下一个城市的概率是 $p_k(r, s)$，

$$p_{ij}(t) = \begin{cases} \dfrac{\tau_{ij}(t)^\alpha \cdot \eta_{ij}(t)^\beta}{\sum\limits_{u \in J_r^k} \tau_{is}(t)^\alpha \cdot \eta_{is}(t)^\beta}, & \text{if} \quad s \in J_r^k, \\ & \qquad\qquad\qquad\quad \text{if} \quad q > q_0(\text{Bias Exploitation}) \\ 0, & \text{otherwise}, \end{cases} \tag{6-8}$$

在式 (6-7) 和式 (6-8) 中，$p_{ij}(t)$ 表示转移概率；$\tau_{ij}(t)$ 是两个城市 i 和 j 之间的信息素浓度；$\eta_{ij}(t)$ 是两个城市 i 和 j 之间的路径长度；J_r^k 是第 k 个蚂蚁未经过的所有城市的集合；参数 α 和 β 是控制参数；q 是 $[0, 1]$ 区间的均匀概率。

2. 信息素更新规则

为了改善解，必须更新路径的信息素。路径的信息素更新包括局部更新和全局更新。这里给出局部路径的信息素修正公式：

$$\tau_{ij}(t) = (1 - \rho)\tau_{ij}(t) + \sum_{k=1}^{m} \Delta\tau_k(t) \tag{6-9}$$

式中，$\rho(0 < \rho < 1)$ 是路径信息素的挥发率；$\Delta\tau_k(t)$ 是在旅行时间 t 和 $t + \Delta t$ 间，第 k 个蚂蚁增加到边缘 (i, j) 的信息素总量，表示为

$$\Delta\tau_k(t) = \begin{cases} \dfrac{Q}{L_k}, & (i, j) \in \pi_k \\ 0, & \text{otherwise} \end{cases} \tag{6-10}$$

式中，Q 是一个常量参数；L_k 是蚂蚁在 Δ 时间内经过的序列 π_k 的距离。

6.3.3　基于信息权重因子和监督机制的改进蚁群优化算法

本书提出的改进的蚁群优化 IWSMACO 算法从以下两个方面对算法进行改进，以提高进化速度，改善每次迭代解的质量，避免走向停滞的趋势，实现对森林火灾监测数据收集路径的优化。

1. 信息权重因子

蚁群优化算法是一种正反馈的启发式算法，它是根据每条路径上的蚂蚁留下的信息素来获得更好的解。信息素总量越大，选择的机会越大。但是当进化到一个特定的迭代时，由于信息素的增加，蚂蚁将会聚集在少数几条路径中。这将导致早熟和停滞，并使所获得的解为一个局部最优解。因此，需要根据蚁群优化算法，优化过程中解的分布，对路径选

择概率和信息素的更新机制动态地进行调整，以避免早熟和停滞，提高算法的收敛速度和蚁群优化算法的稳定性。

为了避免陷入局部最优解，需要对各路径的选择概率进行调整。信息权重因子是用来限制蚂蚁的选择概率的参数。根据信息量的大小，将从第 i 个城市来的 r 条路径从高到低排序，并将排序结果存储在数组 rank 中，数组元素的 rank $[i]$ 的值是路径 (i, j) 的序列号。

$$\xi_{ij} = \begin{cases} \left(\dfrac{\omega}{r}\right)^{\text{rank}[j]-1}, & \text{if} \quad \text{rank}[j] \leqslant \omega \\ 0, & \text{otherwise} \end{cases} \tag{6-11}$$

式中，ω 是第 i 个城市的选择路径；ξ_{ij} 是路径 (i, j) 的应用信息权重。从第 i 个城市到第 j 个城市的选择概率可以表示如下：

$$p_k(i, j) = \begin{cases} \dfrac{\xi_{ij} \cdot \tau(i, j)^\alpha \cdot \eta(i, j)^\beta}{\sum\limits_{u \in J_r^k} \xi_{iu} \tau(i, s)^\alpha \cdot \eta(i, s)^\beta}, & \text{if} \quad s \in J_r^k, \\ & \text{if } q > q_0(\text{Bias Exploitation}) \\ 0, & \text{otherwise}, \end{cases}$$
$$\tag{6-12}$$

当蚂蚁的行进集中在上一次迭代的从第 i 个城市开始的路径时，则第 i 个城市的聚集度越来越大，所选择的路径 ω 也越来越大，每条路径的信息权重 ξ_{ij} 相对较接近。下一次迭代中，每个路径选择的概率更为均匀。当蚂蚁的行进分散在上一次迭代的从第 i 个城市开始的路径时，则第 i 个城市的聚集度越来越小，所选择的路径 ω 越来越小。每条路径的信息权重 ξ_{ij} 相对变化较大。

2. 监督机制

在工程建设中，项目监理负责监督工程任务的施工质量。当某一部分施工完成后，需要对工程质量进行验收，当工程质量达到各项指标，符合建设标准，项目监理才能允许施工工人继续下一段施工任务；否则，如果工程质量不达标，不符合建设标准，则必须要求施工工人返工。该机制保证了施工质量达到预期建设标准，符合预期建成目标。本书正是受到这种监工机制的启发，采用一个设定的、虚拟的"监工距离"，这一自适应判据作为标准，来对蚁群优化算法中蚂蚁经过的距离进行判断。

$$L_j(t+1) = \frac{\min(L_{\text{avg}}(1:t)) \cdot w + L_{\text{best}}(t) + L_j(t)}{w+2} \tag{6-13}$$

式中，$\min(L_{\text{avg}}(1:t))$ 是第一次迭代到第 t 次迭代的最短平均距离；$L_{\text{best}}(t)$ 是第 t 次迭代的全局最小距离；w 是一个常数。从式 (6-13) 可以看到，$L_j(t+1)$ 是个单调递减函数，即在此函数作为监工距离的算法中，工程的监督标准或要求是逐步变高的，从而也保证了采用此函数作为判断依据的蚁群优化算法的收敛性。

在本章基于改进蚁群优化算法的森林火灾监测无人机数据收集路径优化的算法中，若蚂蚁所经过的路径距离大于 $L_j(t+1)$，即森林火灾监测无人机数据收集节点所飞行的路径距离大于 $L_j(t+1)$，则需要重新选择经过的路径，直至选择经过的路径小于 $L_j(t+1)$ 这一标准。算法在计算过程中，为了避免运算量超大这一问题，设置重新选择经过的路径次数上限值为 b。当算法中当所有蚂蚁都走完后，需要对小于 $L_j(t+1)$ 这一标准的路径信息进行更新，并自动选择较好的蚂蚁。通过在蚁群优化算法中增加了 $L_j(t+1)$ 这一监督标准，使迭代解的质量不断提升，并使其余蚂蚁更好地学习，从而获得问题中的最优解。

6.4　数值试验和结果分析

（1）为了分析和验证改进蚁群优化算法（IWSMACO）在森林火灾监测无人机数据收集路径规划中的求解能力，本节从 TSPLIB 标准库中选择 12 个 TSP 数据集，来进行模拟数值仿真和结果分析。这些 TSP 数据集中城市的规模从 48 到 14051。选择基本蚁群优化算法和改进的量子蚁群优化算法与本书提出的 IWSMACO 算法进行优化性能的比较。每两个城市的距离采用欧氏距离计算。求解该算法的参数值是一个非常复杂的问题，因为参数值的变化可能会严重影响算法的解的最优值。因此，最合理的初始参数的值通过测试和修正得到。所得到的初始参数的值是：蚂蚁数 $m=50$，信息素量 $Q=80$，信息素因子 $\alpha=1.0$，启发式因子 $\beta=2.0$，初始浓度 $\tau_{ij}(0)=1.5$，挥发因子 $\rho=0.15$，最大迭代次数 $T_{max}=500$，$n_{best}=8$，$b=5$，$m=n/2\sim n$，初始浓度 $\tau_{ij}(0)=1/(L_g\cdot m)$，$L_g$ 是估计的最短距离。仿真环境：奔腾 CPU2.4GHz，4.0GB RAM，Windows XP 系统和 MATLAB 7.0。每个 TSP 数据，基本蚁群优化算法，改进的量子蚁群优化算法和 IWSMACO 算法各独立运行 20 次。在本书中，选择最优值和平均值来描述这些算法的优化性能。数值仿真结果如表 6-1 所示。

表 6-1　　　　　　　　　三种算法优化性能比较

数据集	最优值	基本蚁群算法		基本蚁群优化算法		本书算法	
		最佳值	平均值	最佳值	平均值	最佳值	平均值
att48	33522	34078	343562	33804	34158	33524	33737
eil51	426	445	466	433	449	426	441
st70	675	696	721	686	710	680	704
eil76	538	578	591	551	565	546	559
kroD100	21294	21964	23392	22006	22406	21394	22319
ch130	6110	6156	6191	6129	6179	6118	6145
rat195	2323	2407	2562	2395	2489	2346	2451
rd400	15281	15453	15546	15358	15482	15356	15448
rat783	8806	9146	9403	9102	9315	9037	9210

续表

数据集	最优值	基本蚁群算法		基本蚁群优化算法		本书算法	
		最佳值	平均值	最佳值	平均值	最佳值	平均值
d1291	50801	53137	54462	52953	53970	52385	53146
nl4461	182566	19283	20134	19103	19651	18935	19204
brd14051	469385	477301	479069	476621	476898	476352	476767

从表6-1可以看出，对于所有的12个TSP实例，从最优值和平均值来看，本书所提出的IWSMACO算法能获得比基本蚁群优化算法和改进的量子蚁群算法更好的解。att48，st70，eil76和ch130通过采用IWSMACO算法找到的最优解已非常接近实际值。该IWSMACO算法为eil51实例可以找到最好的已知值426。对于较大规模的实例，数值实验结果表明，本章提出的IWSMACO算法可以得到更好的优化值，即IWSMACO算法在森林火灾监测无人机数据收集路径优化中，可以解决复杂的路径优化问题，改善搜索结果和进化速度，避免陷入停滞和局部最优。该IWSMACO算法相比基本蚁群优化算法和改进的量子蚁群优化算法，在森林火灾监测无人机数据收集路径优化中，具有更好的优化性能。

（2）在上述路径优化的基础上，通过无人机作为数据收集节点，用其遍历森林火灾监测信息"孤岛"节点，还可以对火灾发生后监测区域范围内信息"孤岛"节点是否仍具有数据采集和发送功能进行检测，对区域内已不具有数据采集和发送功能的失效"孤岛"节点进行统计，以便查看森林火灾监测物联网的节点运行状态，为后续森林火灾监测物联网节点的优化部署提供可靠依据。同时，在已知平均节点覆盖面积的情况下，利用统计到的失效节点数目，还可粗略估计出森林火灾的过火面积，为灾后损失估计提供参考。

本书以上述路径优化算法为基础，在MATLAB仿真中关闭部分监测信息"孤岛"节点的数据收发功能，对5个模拟森林监测区域内的失效节点进行统计和森林过火面积估计，结果如表6-2所示。

表6-2　　　　　　　　　　失效节点统计和森林过火面积估计

区域	原节点数	可收集到数据的节点数	失效节点	平均节点覆盖面积（m²）	过火面积估计（m²）
A	48	47	4	200	800
B	51	47	4	80	320
C	70	69	11	50	550
D	76	74	8	70	560
E	100	97	3	100	300

由表 6-2 可见，火灾发生后，区域 C 损失的节点最多，区域 A 过火面积最大。在后续节点的覆盖优化中，需对区域 C 中补充至少 11 个节点；同时，根据表中各区域过火面积，再结合植被分布情况，可进一步估计出火灾造成的森林经济损失。

6.5　小　　结

本章针对大范围森林火灾监测物联网系统中，森林火灾监测物联网节点由于火灾烧毁、树木倾倒压损造成部署方式被破坏，自组网网络中断，采集节点形成信息"孤岛"或者网络瘫痪无法采集的问题，提出一种通过无人机作为数据接收节点，采用改进的蚁群优化算法 IWSMACO 优化无人机路径的方法，遍历所有森林火灾监测信息"孤岛"节点，实现数据的收集。为了分析和验证改进蚁群优化算法 IWSMACO 在森林火灾监测无人机数据收集路径规划中的求解能力，从 TSPLIB 标准库中选择 12 个 TSP 数据集，进行模拟数值实验和结果分析。实验结果表明，该 IWSMACO 算法相比基本蚁群优化算法和改进的量子蚁群优化算法，在森林火灾监测无人机数据收集路径优化中，具有更好的优化性能。同时，在该路径优化算法的基础上，可对火灾发生后，森林监测区域内失效节点进行检测统计和森林过火面积估计，为后续节点优化部署和灾后损失估计提供参考。

第7章　基于物联网节点转发域的森林火灾监测节能中继选择算法研究

7.1　概　　述

在森林防火中，大量物联网节点被部署在广阔的山林中，节点数量众多、分布广、密度大，每个节点出于节能要求使得发射功率受限，因此通常情况下数据的收集是利用多跳的方式[152,153]。在多跳路由中，物联网节点能量限制依然是路由过程中的关键性问题，有效节能的中继选择算法被认为是解决该问题的重要方式之一。在物联网中，如何在路由过程中选择好下一跳的中继节点是人们研究的核心内容[154]，本章就中继选择算法进行研究与设计，提出一种全新的基于橄榄形转发域的节能中继选择算法 OFA-RSA（Olive Forwarding Area-Relay Selection Algorithm）。该算法以单位能耗下节点的最大发射距离为目标函数进行网络能量利用率的优化，充分考虑了无线信道所固有的衰落特性和节点的电路能耗问题。在物联网中，对于每一跳传输首先预先定义一个橄榄形转发域，该转发域由三个参量决定：单跳传输半径、以目的节点为圆心的任意圆的半径以及源节点与目的节点之间的距离。通过单位能耗下节点的最大发射距离这个目标函数的最优值寻找出最佳橄榄形转发域，然后在最佳橄榄形转发域内根据节点的地理位置等信息选择下一跳中继节点。

7.2　网络模型

在森林物联网中，大量物联网节点可近似认为部署在一个二维平面上，如图 7-1 所示。在该网络中，假设每一个物联网节点具有相等的总能量且其配备的全向天线可向周围 $360°$ 发送或接收数据。每个物联网节点具有相同的发射功率和单跳传输半径。在该网络中，存在一个源节点 S 和目的节点 D，数据流从节点 S 传输至节点 D。由于源节点和目的节点相距较远，节点无法利用单跳进行数据传输，因此，源节点和目的节点间需利用中继节点进行数据中继转发，从而保证数据的到达。

如图 7-2 所示，源节点 S 与目的节点 D 之间的距离为 d，每个物联网节点具有一定的通信范围，设为 R_1。在选取中继节点时，本章提出转发域的概念并在此基础上开发了基于橄榄形转发域的节能中继选择算法 OFA-RSA。在该算法中，数据包在传递到下一跳节

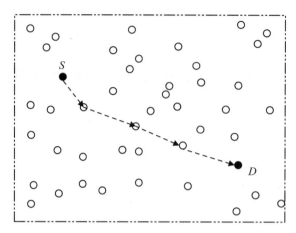

图 7-1 WSN 网络上均匀分布的物联网节点

点之前，网络会以发射节点为参考，预先设一个橄榄形转发域，如图 7-2 的阴影部分所示。橄榄形区域的设定规则如下。

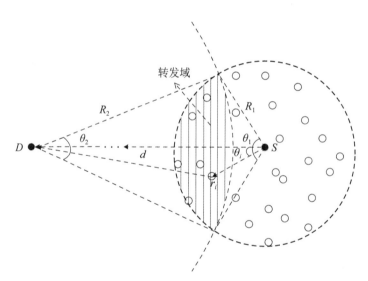

图 7-2 橄榄形转发域的系统模型示意图

我们以目的节点 D 为圆心，任意距离 R_2 为半径画圆，再以发射节点为圆心，R_1 为半径画圆，形成的两个圆形进行相交，形成橄榄形阴影区域，该区域便为节点 S 的转发域。在中继选择过程中，系统利用落在转发域范围内的节点进行中继转发。因此，转发域的形成由以下参数所决定：单跳传输范围 R_1，以目的节点为圆心的大圆半径 R_2，以及目的节点和发射节点之间的距离 d。其中，R_1 和 R_2 是随机变量，其范围为 $d - R_1 < R_2 \leqslant d$，因此所形成的转发区域大小可调。

假设在橄榄形转发域内存在一个节点为 i，如图 7-2 所示，我们连接 i 与节点 S，并与 S—D 连线形成了夹角 θ_i。与此同时，大小圆的交点分别与节点 S 和节点 D 相连接，形成夹角 θ_1 与 θ_2。根据三角形几何性质，存在以下关系：

$$\theta_1 = 2\arccos\frac{R_1^2 + d^2 - R_2^2}{2R_1 d}$$
$$\theta_2 = 2\arccos\frac{R_2^2 + d^2 - R_1^2}{2R_2 d} \tag{7-1}$$

在该网络中，监测节点在森林防火区域的二维平面内均匀撒布，且节点密度为 ρ，因此，落在橄榄形转发域范围内的监测节点数目服从泊松分布。假设 n 表示转发域范围内的节点数量，则关于 n 的概率密度函数 $f_n(n)$ 服从：

$$f_n(n) = \frac{(\rho S_0)^n e^{-\rho S_0}}{n!}, \quad n = 0, 1, 2, \cdots, \infty \tag{7-2}$$

式中，$S_0 = \frac{1}{2}(R_1^2\theta_1 + R_2^2\theta_2) - \frac{1}{2}(R_1^2\sin\theta_1 + R_2^2\sin\theta_2)$ 为转发域面积。

7.3 MAC 协议

在中继节点选择的 MAC 协议中，我们基于每个节点已获知其地理位置信息，从而利用地理位置信息判断自己是否在转发区域内。关于节点如何获知地理位置信息，现有的算法给出了很多解决方案[155-156]，因此在此赘述。在数据包进行中继传输之前，当前的发射节点会向全网节点广播一个数据帧，该数据帧包含了 R_1、R_2 和 d 信息。当网络中的其他监测节点正确解码该数据帧时，节点会结合自身的地理位置信息来判断自身是否处橄榄形转发域内。若节点在转发区域外，则不参与之后的监测数据解码，从而降低自身解码能耗的开销；若节点处于转发域内，则节点参与监测数据的解码和转发。然而，由于无线信道的衰落特性，并非每个在转发域内的节点都可以成功解码数据包。因此，本算法选取了位于橄榄形转发域以内并且能够成功解码数据包的节点作为下一跳中继节点的候选节点。

当节点成功进行数据包解码后，监测节点利用单片机系统触发一个定时器，该定时器的设定如下：

$$T_i = \frac{\sqrt{(r_i\sin\theta_i)^2 + (d - r_i\cos\theta_i)^2}}{r_i\cos\theta_i} \tag{7-3}$$

式中，节点 i 与节点 S 的距离记为 r_i，如图 7-3 所示，S—D 连线与 i—S 连线的夹角记为 θ_i。因此，$\sqrt{(r_i\sin\theta_i)^2 + (d - r_i\cos\theta_i)^2}$ 代表了节点 i 与目的节点 D 的欧氏距离。此外，$r_i\cos\theta_i$ 表示节点 i 投射在 S—D 连线上的有效投影距离，该距离代表了节点 S 到节点 i 的有效传输距离。综上所述，若定时器定时的时间短，则代表了该节点具有较长的有效传输距离，同时距离目的节点的欧氏距离较短。当某个节点率先完成定时功能时，该节点会广播一个阻

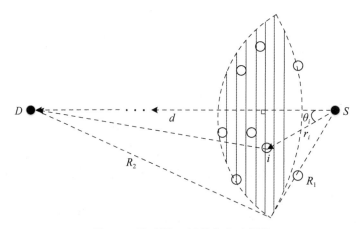

图 7-3　计时器 T_i 计算公式示意图

断帧，该帧的目的是通知其余节点停止自身的定时器。若其他节点获取该帧，则会丢弃该数据包，并放弃作为中继节点的角色。与此同时，最早结束定时器的监测节点则会被选择为中继节点，进行数据包的转发。橄榄形转发域内中继节点选择算法的 MAC 协议流程见图 7-4 所示。

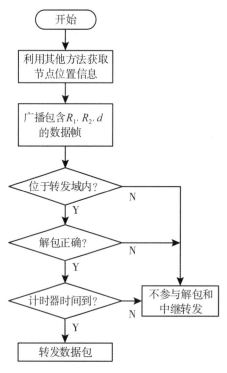

图 7-4　OFA-RSA 算法的协议机制流程图

7.4　网络性能分析

7.4.1　橄榄形转发域的整体误包率

假设网络中的无线信道服从参数为 k 的瑞利衰落路径损耗，对于转发域内选取任意域内节点 i，在接收节点 i 处的接收信噪比[157, 158]记为

$$\gamma_1 = \frac{GE_1\,|h|^2}{r_i^k N_0} \tag{7-4}$$

式中，r_i 为节点与源节点的距离；E_1 表示传输单位比特节点所需的发射能耗；$|h|$ 为瑞利分布下的无线信道增益；k 为路径损耗指数，一般可取值为 2，3，4；N_0 是接收机处的高斯白噪声；$G = \dfrac{G_r G_t \lambda^2}{M_l N_f (4\pi)^2}$，其中 G_t，G_r 分别表示发射机和接收机的天线增益，λ 表示载波波长，M_l 表示链路预算补偿，N_f 表示接收机噪声。因此，对于给定的 E_1 和 r_i，节点 i 的误比特率 BER 为：

$$p_b(r_i,\ k) = E\big[Q(\sqrt{\gamma_1}\,)\big] \approx \frac{r_i^k N_0}{2GE_1} \tag{7-5}$$

式中，$Q(x) = \dfrac{1}{\sqrt{2\pi}}\displaystyle\int_x^\infty e^{-\frac{t^2}{2}}\mathrm{d}t$。假设监测数据的包长为 L 比特，根据文献[159]，节点 i 的误包率为：

$$p_p(r_i,\ k) = 1 - \big[1 - p_b(r_i)\big]^L \tag{7-6}$$

在转发域中，节点 i 与源节点 S 的欧式距离 r_i 是一个随机变量，r_i 的概率密度函数 $f(r_i)$ 可由其分布函数 $F(r_i)$ 的导数求得[160-163]，针对于此，我们首先计算 r_i 的累积分布函数（CDF）。具体计算过程如下。

由分布函数的定义可知，$F(r_i) = P\{X \leq r_i\}$，其中 X 表示处于橄榄形转发域内的任意节点与发射节点 S 的距离，如图 7-5 所示。为了方便计算 $F(r_i)$，我们以发射节点 S 为圆心，r_i 为半径画圆，并与橄榄形转发域相交，形成小橄榄形区域。其中小橄榄形区域与源节点 S 形成的夹角记为 θ_3，与目的节点 D 形成的夹角记为 θ_4，由概率知识可知，小橄榄形区域的面积与整个橄榄形转发域面积之比便为 $F(r_i)$[164-167]。因此，$F(r_i)$ 可表示为

$$F(r_i) = P\{X \leq r_i\} = \frac{\text{小橄榄区的面积}}{\text{整个橄榄区的面积}}$$

$$= \frac{\dfrac{1}{2}(r_i^2\theta_3 + R_2^2\theta_4) - \dfrac{1}{2}(r_i^2\sin\theta_3 + R_2^2\sin\theta_4)}{\dfrac{1}{2}(R_1^2\theta_1 + R_2^2\theta_2) - \dfrac{1}{2}(R_1^2\sin\theta_1 + R_2^2\sin\theta_2)}$$

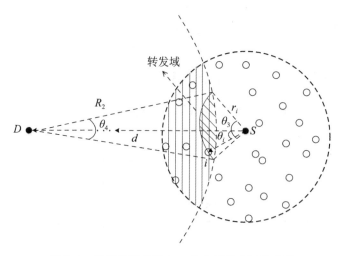

图 7-5 椭圆形转发域中 r_i 分布函数求解示意图

$$= \frac{(r_i^2\theta_3 + R_2^2\theta_4) - (r_i^2\sin\theta_3 + R_2^2\sin\theta_4)}{(R_1^2\theta_1 + R_2^2\theta_2) - (R_1^2\sin\theta_1 + R_2^2\sin\theta_2)} \tag{7-7}$$

式中：

$$\theta_3 = 2\arccos\frac{r_i^2 + d^2 - R_2^2}{2r_id}$$

$$\theta_4 = 2\arccos\frac{R_2^2 + d^2 - r_i^2}{2R_2d} \tag{7-8}$$

对等式(7-7) 求 r_i 的偏导可得：

$$
\begin{aligned}
f(r_i) &= \frac{\frac{\partial F(r_i)}{\partial r_i} 2r_i\theta_3 + r_i^2\frac{\mathrm{d}\theta_3}{\mathrm{d}r_i} + R_2^2\frac{\mathrm{d}\theta_4}{\mathrm{d}r_i} - 2r_i\sin\theta_3 - r_i^2\cos\theta_3\frac{\mathrm{d}\theta_3}{\mathrm{d}r_i} - R_2^2\cos\theta_4\frac{\mathrm{d}\theta_4}{\mathrm{d}r_i}}{(R_1^2\theta_1 + R_2^2\theta_2) - (R_1^2\sin\theta_1 + R_2^2\sin\theta_2)} \\
&= \frac{r_i^2(1 - \cos\theta_3)A(r_i) + R_2^2(1 - \cos\theta_4)B(r_i) + 2r_i(\theta_3 - \sin\theta_3)}{(R_1^2\theta_1 + R_2^2\theta_2) - (R_1^2\sin\theta_1 + R_2^2\sin\theta_2)}
\end{aligned}
\tag{7-9}
$$

式中：

$$\frac{\mathrm{d}\theta_3}{\mathrm{d}r_i} = \frac{-1}{\sqrt{1 - \dfrac{r_i^2 + d^2 - R_2^2}{2r_id}}}\frac{r_i^2 + d^2 - R_2^2}{r_i^2d} = A(r_i)$$

$$\frac{\mathrm{d}\theta_4}{\mathrm{d}r_i} = \frac{1}{\sqrt{1 - \dfrac{R_2^2 + d^2 - r_i^2}{2R_2d}}}\frac{2r_i}{R_2d} = B(r_i) \tag{7-10}$$

根据式(7-6),转发域内节点的误包率为:$p_p(r_i,k) = 1 - [1 - p_b(r_i)]^L$,那么根据 $F(r_i)$ 可求得区域内节点的平均误包率。根据数学期望公式 $E(x) = \int_{-\infty}^{\infty} xf(x)\mathrm{d}x$ 可知[168-170],橄榄形转发域中的节点的平均误包率为

$$\bar{p}_p(r_i,k) = \int_{-\infty}^{\infty} \left[1 - (1 - p_b(r_i))^L\right]f(r_i)\mathrm{d}r_i \tag{7-11}$$

式中,r_i 的范围为 $d - R_2 \leqslant r_i \leqslant R_1$,代入式(7-11)最终可得:

$$\bar{p}_p(r_i,k) = \int_{d-R_2}^{R_1} \left[1 - \left(1 - \frac{r_i^k N_0}{2GE_1}\right)^L\right]$$

$$\frac{r_i^2(1 - \cos\theta_3)A(r_i) + R_2^2(1 - \cos\theta_4)B(r_i) + 2r_i(\theta_3 - \sin\theta_3)}{(R_1^2\theta_1 + R_2^2\theta_2) - (R_1^2\sin\theta_1 + R_2^2\sin\theta_2)}\mathrm{d}r_i \tag{7-12}$$

假设 n 个节点位于橄榄形转发域内,根据无线信道衰落特性,n 个节点中有 $m(m \leqslant n)$ 个节点可成功解码源节点发送来的数据包的概率服从二项分布,具体为

$$p_m(m) = \sum_{n=m}^{\infty} C_n^m f_n(n)(\bar{p}_p)^{n-m}(1 - \bar{p}_p)^m \tag{7-13}$$

式中,$\bar{p}_p$ 为式(7-12)。

由上述可知,若在橄榄形转发域中只要至少一个节点成功地对源节点发送的数据包进行解码,数据就可以得到可靠的传输。因此,对于节点的每一跳传输,橄榄形转发域整体误包率 p_{eh} 可以理解为:整个橄榄形转发域内没有任何节点可以成功解码数据包,此时数据传输产生了错误,而橄榄形转发域整体的误包率 p_{eh} 的计算公式为

$$p_{eh} = p_m(0) = \sum_{n=0}^{\infty} C_n^0 f_n(n)(\bar{p}_p)^n \tag{7-14}$$

将式(7-2)中的 $f_n(n) = \frac{(\rho S_0)^n \mathrm{e}^{-\rho S_0}}{n!}$ 代入式(7-14)可得:

$$p_{eh} = \sum_{n=0}^{\infty} C_n^0 \frac{(\rho S_0)^n \mathrm{e}^{-\rho S_0}}{n!}(\bar{p}_p)^n = \sum_{n=0}^{\infty} \frac{(\rho S_0 \bar{p}_p)^n}{n!}\mathrm{e}^{-\rho S_0}$$

$$= \mathrm{e}^{\rho S_0 \bar{p}_p}\mathrm{e}^{-\rho S_0} = \mathrm{e}^{\rho S_0[\bar{p}_p(R,k)-1]} \tag{7-15}$$

综上所述,求得了橄榄型转发域的整体误包率。为了考查该误包率的特性,我们在不同节点密度下考查不同转发域大小对 p_{eh} 的影响。针对理论公式(7-15),我们设置仿真参数为 $k = 2$,$L = 1000$,$E_1 = 5 \times 10^{-6}\mathrm{J}$,$N_0 = 1 \times 10^{-20}\mathrm{W/Hz}$,$G = 2.8816 \times 10^{-9}$,$d = 400\mathrm{m}$,$R_1 = 100\mathrm{m}$,由于 R_2 的范围是 $d - R_1 < R_2 \leqslant d$,故将 R_2 设置为从 300m 变化至 400m。

图 7-6 刻画了随着 R_2 的增大,橄榄形转发域的整体误包率与单个节点的误包率性能对比。从图中可以看出,在距离 d 和单跳传输半径 R_1 固定的前提下,当参数 R_2 逐步从 300m 增大到 400m 的过程中,转发域内的节点数也随着增多,尽管单个域内节点的平均误包率 PER 很大,但随着参与解包的节点增多,转发域整体误包率会越来越小。与此同时,当网络中节点密度增大时,橄榄形转发域的整体误包率会随着 R_2 的增加而急剧减

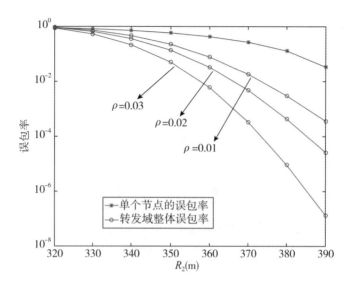

图 7-6　橄榄形转发域的整体误包率与单个域内节点的误包率性能比较

小，与同等 R_2 条件下的单个节点的误包率相比，转发域的整体误包率低 3~4 个数量级。由此可知，该转发策略在节点密度高的网络中发挥着重要作用。

7.4.2　有效待传输距离的概率密度函数

由上一小节可知，在相同的发射功率下，即使单个节点的平均误包率很大，我们依然可以利用空间分集技术使得整体转发域的误包率控制在一个较低的范围。由前文可知，橄榄形转发域的大小由三个参数所决定：单跳传输半径 R_1，S—D 之间的距离 d，以及大圆半径 R_2，其中 $d - R_1 < R_2 \leqslant d$。如何确定转发域的大小，使得误包率保持在较低的水平，同时使单跳传输距离最远，便成为本小节的主要研究内容。

本书引入有效待传输距离的概念，并记为 m_i，如图 7-7 所示。当橄榄形转发域中的节点 i 成功解码数据包后，节点 i 的有效待传输距离记为 m_i，即节点 i 距离目的节点 D 的距离；当节点 i 不能成功解码数据包时，则对应地待传输距离 m_i 即为 d，表示该节点不能使得路由距离缩小。因此，在每一跳的传输中，我们选择有效待传输距离 m_i 最小的节点作为中继节点，其可以表示为

$$d(n) = \min_{1 \leqslant i \leqslant n} \{ m_i \} \tag{7-16}$$

根据 CDF 的设定，$F(m_i) = P\{X \leqslant m_i\}$，为了求出小于 m_i 的概率分布，我们以目的节点 D 为圆心，节点 i 的有效待传输距离 m_i 为半径画圆，如图 7-7 所示。可以明显看出，m_i 的取值范围为：$d - R_1 < m_i \leqslant R_2$ 以及 $m_i = d$。因此，$F(m_i)$ 可表示为

$$F(m_i) = \begin{cases} 当 d - R_1 < m_i \leqslant R_2 \text{ 时，节点 } i \text{ 成功解包，} P = \{\text{小橄榄区大橄榄区面积比}\} \\ 当 m_i = d \text{ 时，节点 } i \text{ 解包失败，} P\{X \leqslant m_i\} = P\{X \leqslant d\} = P\{X \leqslant R_2\} + P\{X = d\} \end{cases}$$

$$\tag{7-17}$$

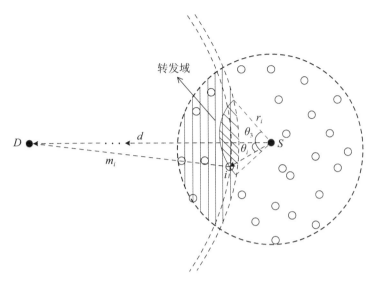

图 7-7 域内节点 i 的有效待传输距离 m_i 的示意图

综上所述，有效待传输距离 m_i 的分布函数可表示为

$$
F(m_i) = \begin{cases} \dfrac{1}{S_0} \displaystyle\int_{-\arccos\frac{R_1^2+d^2-m_i^2}{2R_1 d}}^{\arccos\frac{R_1^2+d^2-m_i^2}{2R_1 d}} \int_{d\cos\theta-\sqrt{d^2\cos\theta^2-d^2+m_i^2}}^{R_1} \left[\, 1-p_p(r,k)\,\right] r\mathrm{d}r\mathrm{d}\theta = \alpha(m_i), & d-R_1 < m_i \leqslant R_2 \\[6mm] \alpha(R_2) + \dfrac{1}{S_0} \displaystyle\int_{-\frac{\theta_1}{2}}^{\frac{\theta_1}{2}} \int_{d\cos\theta-\sqrt{d^2\cos\theta^2-d^2+R_2^2}}^{R_1} p_p(r,k) r\mathrm{d}r\mathrm{d}\theta, & m_i = d \end{cases}
$$

$$(7\text{-}18)$$

由式(7-18)可见，$F(m_i)$ 的表达式较为复杂，为了验证其正确性，本书对蒙特卡洛法仿真和理论推导公式仿真进行对比分析。其中仿真参量分别设置为：$\rho = 1/300$，$k = 2$，$L = 1000$，$E_1 = 5 \times 10^{-6}\mathrm{J}$，$N_0 = 1 \times 10^{-20}\mathrm{W/Hz}$，$G = 2.8816 \times 10^{-9}$，$d = 400\mathrm{m}$，$R_1 = 100\mathrm{m}$，鉴于 R_2 的范围是 $d - R_1 < R_2 \leqslant d$，本书将 R_2 设置从 $300\mathrm{m}$ 变化至 $400\mathrm{m}$。

图 7-8 显示当 R_2 取值为 $310\mathrm{m}$，$330\mathrm{m}$，$350\mathrm{m}$，$370\mathrm{m}$，$390\mathrm{m}$，$400\mathrm{m}$ 时，分别采用蒙特卡洛仿真与理论公式仿真所取得的 $F(m_i)$ 曲线比较图。由图 7-8 可知，蒙特卡洛仿真与理论公式仿真曲线匹配较好，由此可知关于 m_i 的分布函数 $F(m_i)$ 的理论公式(7-18)是正确的。

对于式(7-16)中 $d(n)$ 的均值，根据概率论相关数学知识，可设 X 与 Y 相互独立，其分布函数可以分别表示为 $F_X(x)$ 和 $F_Y(y)$，并令：

$$N = \min\{X,\ Y\} \tag{7-19}$$

则 N 的分布函数可表示为

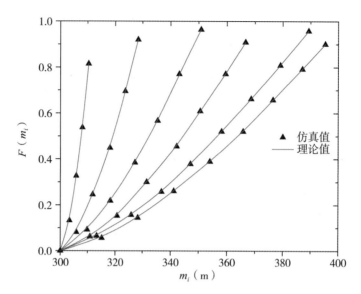

图 7-8　$F(m_i)$ 公式蒙特卡洛仿真与理论推导公式仿真对比图

$$
\begin{aligned}
F_N(z) &= P\{\min(X,\ Y) \leqslant z\} = 1 - P\{\min(X,\ Y) > z\} \\
&= 1 - P(X > z,\ Y > z) \\
&= 1 - [1 - F_X(z)][1 - F_Y(z)]
\end{aligned}
\tag{7-20}
$$

若 X 与 Y 独立同分布，则：$F_N(z) = 1 - [1 - F(z)]^2$。以次类推，当存在 n 个随机变量时：假设 $X_1,\ X_2,\ \cdots,\ X_n$ 独立同分布，令 $N = \min\{X_1,\ X_2,\ \cdots,\ X_n\}$，则 $F_N(z) = 1 - [1 - F(z)]^n$。对于 $d(n) = \min\{m_i\}$ 而言，$m_i(i = 1,\ \cdots,\ n)$ 独立同分布，其分布函数均为 $F(m_i)$，可得：

$$
\begin{aligned}
E[d(n)] &= \int_{d-R_1}^{R_2} d(n) f[d(n)]\mathrm{d}[d(n)] \\
&= \int_{d-R_1}^{R_2} d(n)\mathrm{d}[F[d(n)]] \\
&= \int_{d-R_1}^{R_2} \min_{1 \leqslant i \leqslant n}\{m_i\}\mathrm{d}[1 - [1 - F(m_i)]^n] \\
&= \int_{d-R_1}^{R_2} m_i\mathrm{d}[1 - [1 - F(m_i)]^n]
\end{aligned}
\tag{7-21}
$$

将式(7-18)代入式(7-21)，并求积分，可得：

$$
\begin{aligned}
E[d(n)] &= \int_{d-R_1}^{R_2} m_i\mathrm{d}[1 - [1 - F(m_i)]^n] \\
&= m_i[1 - [1 - F(m_i)]^n]\,\big|_{d-R_1}^{R_2} - \int_{d-R_1}^{R_2} [1 - [1 - F(m_i)]^n]\,\mathrm{d}m_i \\
&= d - R_1 + (d - R_2)[1 - F(R_2)]^n + \int_{d-R_1}^{R_2} [1 - F(m_i)]^n\mathrm{d}m_i
\end{aligned}
$$

$$\tag{7-22}$$

118

由于式(7-22)中 n 的概率密度函数由式(7-2)给出，因此对于该橄榄形转发域而言，节点的有效待传输距离的整体平均值为

$$
\begin{aligned}
D(R_1, R_2, k) &= \sum_{n=0}^{\infty} f_n(n) E[d(n)] \\
&= \sum_{n=0}^{\infty} f_n(n) \left\{ d - R_1 + (d - R_2)[1 - F(R_2)]^n + \int_{d-R_1}^{R_2} [1 - F(m_i)]^n \mathrm{d}m_i \right\} \\
&= d - R_1 + (d - R_2) \sum_{n=0}^{\infty} f_n(n)[1 - F(R_2)]^n + \\
&\quad\ \sum_{n=0}^{\infty} f_n(n) \int_{d-R_1}^{R_2} [1 - F(m_i)]^n \mathrm{d}m_i \\
&= d - R_1 + (d - R_2) \sum_{n=0}^{\infty} \frac{(\rho S_0)^n \mathrm{e}^{-\rho S_0}}{n!}[1 - F(R_2)]^n + \\
&\quad\ \sum_{n=0}^{\infty} \frac{(\rho S_0)^n \mathrm{e}^{-\rho S_0}}{n!} \int_{d-R_1}^{R_2} [1 - F(m_i)]^n \mathrm{d}m_i \\
&= d - R_1 + (d - R_2) \mathrm{e}^{\rho S_0[-F(R_2)]} + \int_{d-R_1}^{R_2} \mathrm{e}^{\rho S_0[-F(m_i)]} \mathrm{d}m_i \qquad (7\text{-}23)
\end{aligned}
$$

为了考查 $D(R_1, R_2, k)$ 的正确性，本书同样分别用蒙特卡洛仿真法与理论推导公式进行仿真比较。其中仿真参数设置为：$\rho = 1/300$，$k = 2$，$L = 1000$，$E_1 = 5 \times 10^{-6}\mathrm{J}$，$N_0 = 1 \times 10^{-20}\mathrm{W/Hz}$，$G = 2.8816 \times 10^{-9}$，$d = 400\mathrm{m}$，如图7-9所示。$R_1$ 取值10m，30m，50m，70m，…，190m，200m(分别对应图7-9中右上角往左下角的曲线簇)。

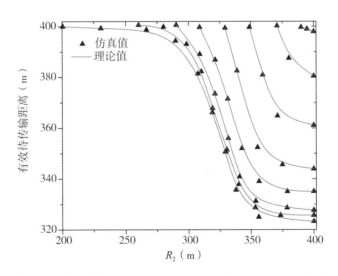

图 7-9　式(7-23)蒙特卡洛仿真与理论公式仿真的对比分析

由图7-9可知，分别采用两种方法得到的曲线簇匹配较好，从而证明式(7-23)中每个橄榄形转发域内节点的有效待传输距离的整体平均值，即 $D(R_1, R_2, k)$ 是正确的。

综上所述，本书在构造的橄榄形转发域中，监测节点相互协作，并利用空间分集技术将单个监测节点的误包率降低 3 ~ 4 个数量级，从而形成很低的整体橄榄形转发域误包率。同时，本节对橄榄形转发域中的节点的有效待传输距离的期望值作出分析并推导了相应的公式，并用蒙特卡洛仿真法证明了公式推导的可靠性与正确性。下一小节将以单位能耗下节点的最大发射距离为目标函数进行网络能量利用率的优化。

7.4.3　单位能耗下节点的最大发射距离

监测网络中单位能耗下节点的最大发射距离直接关系到网络能耗和网络传输性能问题[171]，本小节以单位能耗下节点的发射距离最大化为目标来构造优化函数，通过求解优化函数的最优参数来确定监测网络节点的最优发射距离，从而提高网络能量的利用率和网络传输性能。单跳传输网络中橄榄形转发域的网络总能耗包括节点的发射能耗和维持节点工作的基本电路能耗，可表示为

$$E_{all}(R_1, R_2) = [E_1 + E_{ct} + S_0 \rho E_{cr}] \cdot L \tag{7-24}$$

式中，E_{ct}，E_{cr} 分别表示节点的射频收发机发送单位信息比特的电路能耗和接收单位信息比特的电路能耗；E_1 表示传输单位比特节点所需的发射能耗；S_0 为转发域面积；ρ 为节点密度；L 为监测数据的包长。假设在森林火灾无线监测网络中，所有网络中的节点采用的硬件系统相同，则节点的 E_{ct} 和 E_{cr} 均相同。

综上所述可知，对于橄榄形转发域而言，落入转发域内的节点的有效待传输距离的期望 $D(R_1, R_2, k)$ 与 R_1，R_2，ρ，d，N_0，G，E_1，k，L 等参数有关。通常在这些参数中，ρ，d，N_0，G，E_1，k，L 都是确定值。此时，当 R_1 也为确定值时，无线监测网络橄榄形转发域的面积由 R_2 决定，即 R_2 越大，橄榄形转发域的面积越大；R_2 越小，橄榄形转发域的面积越小。橄榄形转发域的面积越大，则参与中继节点选择的节点数目越多，转发域的误包率 p_{eh} 越低；但同时设定越大的橄榄形转发域意味着更多的节点参与路由，从而使得更多的节点产生接收机的电路能耗，进一步增加了网络的整体能耗。

为了平衡最大发射距离与网络总能耗之间的关系，本书提出采用单位能耗的最大发射距离来反映两者的关系，可表示为：D_E = 最大发射距离／总能耗。因此，上述问题可转变为求解公式 D_E 的最大值问题。对于确定的 ρ，N_0，G，E_1，k，L 等参数，本书建立了一个优化函数，该函数设 R_1，R_2 和 d 为变量，如下所示。

$$\underset{R_1, R_2, d}{\text{argmax}} D_E = \frac{d - D(R_1, R_2, k)}{E_{all}(R_1, R_2)} \tag{7-25}$$

$$\text{subject to} \quad p_{eh} < p_{obj}, \ d - R_1 < R_2 \leqslant d$$

式中，p_{obj} 是橄榄形转发域整体误包率的可允许最大值，将式(7-23)代入式(7-25)可得：

$$\underset{R_1, R_2, d}{\text{argmax}} D_E = \frac{R_1 - (d - R_2) e^{\rho S_0 [-F(R_2)]} - \int_{d-R_1}^{R_2} e^{\rho S_0 [-F(m_i)]} dm_i}{E_{all}(R_1, R_2)} \tag{7-26}$$

$$\text{subject to} \quad p_{eh} < p_{obj}, \ d - R_1 < R_2 \leqslant d$$

显而易见，上述公式是一个关于变量 R_1，R_2 的二维最优解问题，我们可以寻找最大 D_E 值时，R_1 和 R_2 所对应的值。该优化公式是典型的二维优化。由于公式的复杂性，我们很难通过偏导求极值的办法获取最优解。因此通过二维数值解，对 R_1 和 R_2 进行数值遍历，从而获取其最优解。

7.5 OFA-RSA 算法仿真及对比分析

在该仿真中，我们设定如下参数：$G = 3.16$，$M_l = 10^4$，$N_f = 10\text{dB}$，$N_0 = 10^{-20} \text{W/Hz}$，$E_1 = 5 \times 10^{-6} \text{J}$，$k = 2$，$L = 1000$，$E_{ct} = 1.5 \times 10^{-5} \text{J}$，$E_{cr} = 1.0 \times 10^{-5} \text{J}$，$\rho = 1/300$，$d = 400\text{m}$。图 7-10 显示了单个监测节点的误包率在传输距离增大时的变化示意图。该图表明，当传输距离在 $[0, 150]\text{m}$ 范围内，单个域内节点的误包率随着距离的增加而快速增大，在发射距离大于 150m 后，误包率达到 1，即表明监测节点在发射距离超过 150m 后，无法进行正确的数据传输。因此，转发域并不是越大越好。

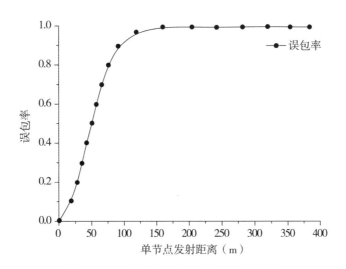

图 7-10 仿真中单个节点的误包率曲线图

根据前文的结论可知，本书提出的 OFA-RSA 算法利用橄榄形转发域中的多个节点进行空间分集，将橄榄形转发域的误包率控制在一个可允许的范围内，克服了在较远距离处单个节点误包率较大的问题。本书的目的就是寻找最佳的橄榄形转发域 Petal(R_1，R_2，d)，使监测节点在单跳数据传输中整个网络的总能耗最低。

为了清楚地显示单位能耗下监测节点的最大发射距离各参量的关系，我们首先给出了单位能耗下节点的最大发射距离 D_E 随着随机变量 R_2 变化而变化的情况，如图 7-11 所示。在下列仿真图（图 7-11）中，每幅图给出在固定 R_1 值情况下，对应的 D_E 与 R_2 的关系。图

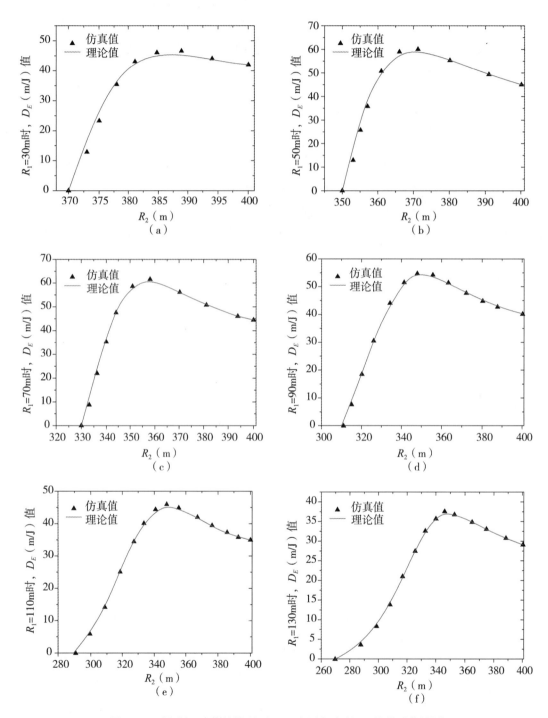

图 7-11　在固定 R_1 值的情况下，D_E 与随机变量 R_2 的关系曲线图

7-11 的每个子图中，R_1 分别取值 30m、50m、70m、90m、110m、130m。可以看出，随着 R_2 的增加，单位能耗下节点的最大发射距离 D_E 总是先增大，然后减小，并存在一个峰值。这是由于在 R_1 和 d 确定的情况下，橄榄形转发域的大小由 $R_2(d - R_1 < R_2 \leqslant d)$ 确定，当 R_2 值越大时，所对应的橄榄形转发域的面积就会越大，包含的监测节点数目越多。当转发域中的节点增加到一定程度时，出于空间分集的作用，整体橄榄形转发域的误包率降低，网络性能由此得以提升；然而，在 R_2 不断增大时，更多的节点参与路由意味着网络空间分集的提升，但更意味着整体网络消耗了更多的能量，包括节点接收数据包所需能量以及节点自身电路能耗，从而导致整个网络的总能耗的增加。因此，单位能耗下监测节点的最大发射距离 D_E 是变量 R_2 的凸函数，且 D_E 的最大值所对应的 R_2 值为最优值。在图 7-11 显示的仿真图中，我们给出由理论推导公式(7-25)仿真得到的曲线，和另一条由蒙特卡洛仿真得到的曲线，理论推导公式仿真曲线与蒙特卡洛仿真得到的曲线两者基本吻合，同时也证明了式(7-25)的正确性。

综上所述可知，在监测节点单跳传输半径 R_1 给定的情况下，存在最佳的 R_2 值使得橄榄形转发域中单位能耗下的最大发射距离 D_E 达到最大值。这也意味着调节合适的参数使得橄榄形转发域变为最佳橄榄形转发域时，网络监测节点的单跳能量利用率最高。

由前文同理可知，当 D_E 在变量 R_2 确定时，也存在一个最优的 R_1 值可以使 D_E 取得最大值。而针对 R_1，若 R_1 较小，意味节点的传输半径较小，在节点发射能量一定的情况下，在该半径内的节点就有较小的误包率，但带来的代价是路由的每一跳的距离很短，对于给定源节点和目的节点的距离来说，数据包会经历更多的跳数，这样反而不利于网络整体能耗的下降。另一方面，若 R_1 较大，意味着更多的节点参与解包，而那些距离发射节点远、同时距离目的节点近的节点就有很大的概率被选取为中继节点，使得单跳的距离增大，但带来的代价是每跳参与解包的节点数变多，同样不利于网络整体能耗的降低。针对于此，我们通过仿真来考查 R_1 对系统性能的影响。

图 7-12 显示了不同 R_1 下的对比分析图($k = 2$)。图中右下角沿着 X 轴往左侧原点方向，依次对应的是 $R_1 = 10$m，$R_1 = 30$m，$R_1 = 50$m，$R_1 = 70$m，$R_1 = 90$m，$R_1 = 110$m，$R_1 = 130$m，$R_1 = 150$m，$R_1 = 170$m，$R_1 = 190$m 及 $R_1 = 210$m 时，橄榄形转发域中单位能耗下的最大发射距离 D_E 和 R_1 的理论仿真曲线及蒙特卡洛仿真曲线。我们发现，将每个曲线簇的最大值点连接起来形成的曲线仍然是一个凸函数，其符合随着 R_1 的增大而 D_E 先增大后减小的特点。同时，由图 7-12 可见，对应于每个 R_1 值仿真曲线都存在一个 D_E 的最大值 D_E^*，其对应的 R_2 值为最优值；对所有不同的 R_1 值，存在一个 D_E 的最大值集 $\{D_E^*$（当取不同 R_2^* 时）$\}$，而进一步该集合中也存在一个最大值 $D_{E\max}^*$（对应于最优值 R_1^* 和 R_2^*），证明该转发域也存在最优的 R_1^*。

图 7-13 和图 7-14 为当路径损耗指数 $k = 3$ 和 $k = 4$ 时，R_1 变化时 D_E 的变化曲线图。同样地，蒙特卡洛仿真和理论公式仿真所得出的曲线簇仍然一一对应，且曲线走势同 $k = 2$

时基本相似，系统存在最佳的单跳传输半径 R_1 与最佳的 R_2 值，使得单位能耗下节点的最大发射距离达到最大值，此时的能量利用率最高。

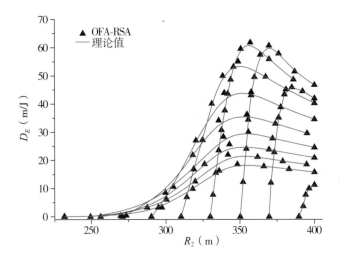

图 7-12　单跳传输半径 R_1 变化时 D_E 的变化曲线对比图（$k = 2$）

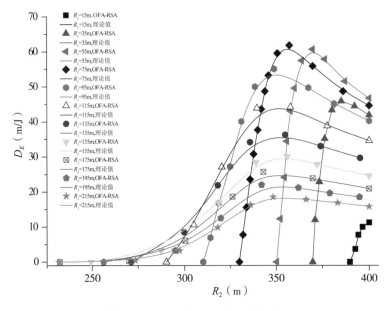

图 7-13　单跳传输半径 R_1 变化时 D_E 的变化曲线对比图（$k = 3$）

至此，通过上述分析，我们得知了存在最佳椭圆形转发域，并通过数值解获取了相关参数的最优值，从而最大化了单位能耗下的最大发射距离，进而提高了整个网络的能量利用效率。

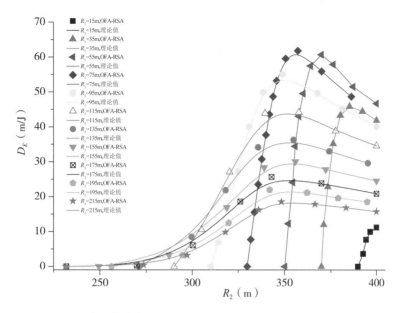

图 7-14 单跳传输半径 R_1 变化时 D_E 的变化曲线对比图($k = 4$)

7.6 基于 OFA-RSA 中继算法的多跳路由机制

上节中我们提出单位能耗下最大发射距离的算法，并计算出最佳的转发域，从而在该转发域中选取中继节点进行数据转发，本节在此基础上设计相应的多跳路由算法。其中，多跳路由算法中的每一次单跳均采用最佳橄榄形转发域，中继节点利用 MAC 协议在转发域内进行选择，下面对该路由算法进行介绍及性能仿真。

7.6.1 基于 OFA-RSA 中继算法的路由描述

图 7-15 中显示了在一个典型的无线监测网络中，source 节点想要将监测到的数据发送给较远的 destination 节点。由于监测节点的传输功率有限，因此只能采用多跳传输的方式进行，其中每一跳均采用 OFA-RSA 算法进行。具体路由过程如下。

（1）对网络参量进行初始化，将节点密度 ρ、数据包个数 L、单位比特传输所需能耗 E_1、路径损耗指数 k、源节点与目的节点之间的距离 d_0、每个节点的单跳传输半径 R_1 以及接收发射所需的电路能耗 E_{cr} 和 E_{ct} 等信息向全网进行广播。

（2）利用 OFA-RSA 算法，源节点计算出最佳橄榄形转发域 Petal（R_1，R_{20}，d_0），并将该结果进行广播。其他节点判断自身是否处于该转发域内，并做好接收数据包的准备。

（3）利用本书设计的 MAC 协议，在转发域内寻找最佳的中继节点 r_1。

（4）将节点 r_1 作为源节点，继续在 r_1 节点的基础上寻找最佳橄榄形转发域 Petal（R_1，

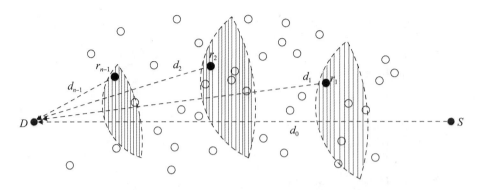

图 7-15　基于 OFA-RSA 中继算法的多跳路由机制示意图

R_{21}，d_1），并在该区域中利用 MAC 协议寻找转发距离最大的节点 r_2，并将其作为第二个中继节点。

（5）重复该过程，直到剩余传输距离 d_{n-1} 小于监测节点单跳传输半径 R_1 时，本次路由结束。该路由中，共经过 $n-1$ 个中继节点进行了监测节点数据的转发，总跳数 n，中继节点集合为 $r=\{r_1,\ r_2,\ \cdots,\ r_{n-1}\}$，椭圆形转发域集合为

$$FA = \{\text{Petal}(R_1,\ R_{2j},\ d_j)，\ j=0,\ 1,\ 2,\ \cdots,\ n-1\} \tag{7-27}$$

7.6.2　算法性能仿真及对比分析

本节对基于 OFA-RSA 中继算法的监测节点路由进行了仿真，如图 7-16 所示。其中监测节点单跳传输半径 $R_1=80\text{m}$，源节点和目的节点之间的距离值分别为 500m，600m，

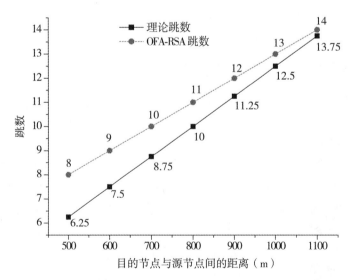

图 7-16　基于 OFA-RSA 中继算法的多跳路由机制的平均跳数

700m，800m，900m，1000m，1100m。为了显示算法的性能，我们将基于 OFA-RSA 中继算法的多跳路由算法的仿真跳数和理论跳数进行比较，结果显示基于 OFA-RSA 中继算法的路由传输所需的仿真跳数与理论路由跳数相近似。如图 7-16 所示，当源节点和目的节点之间距离为 1100m 时，其理论平均跳数为 $1100/80 \approx 13.75$ 跳，而基于 OFA-RSA 仿真的结果为 14 跳。结果表明，采用基于 OFA-RSA 中继算法的路由具有较好的性能。

7.7　小　　结

本章提出一种基于橄榄形转发域的节能中继选择算法 OFA-RSA，该算法充分利用森林监测物联网中监测节点数量众多、分布广、密度大的特点，结合无线网络中空间分集的作用，以获取路由过程中单位能耗下发射距离的最大化。研究分析表明：基于转发域的多跳路由机制可以充分利用空间分集技术，大大降低整体误包率，从而提升网络传输性能。除此之外，本章通过求解单位能耗下的最大发射距离这个优化函数，寻找最佳的橄榄形转发域 $\mathrm{Petal}(R_1^*, R_2^*, d)$ 所对应的参量，并利用该转发域指导数据的多跳路由，从而提升整个网络中数据路由过程中的能量利用率。

第 8 章　基于物联网的森林火灾监测系统设计与关键技术验证

森林生态资源是国家经济和社会可持续发展的重要基础。对森林资源的智能监测和保护是林业信息化和现代化的必然要求，也是新一代信息科技发展的必然趋势[172-176]。本章基于物联网、传感器和微电子智能感知等新一代信息技术，设计了一种适合于森林防火、环境监测的物联网森林火灾智能监测系统。该系统可构建在森林高风险火灾区和高值森林地区进行火灾监测，其与现有监测信息整合，可形成智慧的林业"信息金矿"，为长期生态管理、智能化转型发展创造良好的空间。

8.1　基于物联网的森林火灾监测系统需求分析

8.1.1　数据传输网络需求分析

森林火灾智能监测系统需要通过信号传输网络将监测到的图像信息、环境参数、火灾位置、报警信息、控制信号等重要信息发回监测中心，因此，信号传输网络是森林火灾智能监测系统的重要部分。

由于森林环境的特殊性，森林火灾智能监测系统节点往往需要部署在山区，远离监控中心，存在有线网络连接方式布线困难、成本高等问题，而传统的移动网络信号如GPRS、WCDMA、TD-SCDMA、LTE-FDD、LTE-TDD 信号在大范围森林区域又存在较大面积的盲区问题，需要使用一种组网方便灵活、传输距离远、低功耗的无线网络作为信号传输网络。同时，森林火灾智能监测系统需传输图像、数据、语音等信息，要求传输网络采用基于 IP 网络的现代化数字通信手段。

目前，可供选择的无线信号网络，根据无线信号的工作频段和用途，可将其划分为LF，MF，HF，VHF，UHF 等多个频段，具体如表 8-1 所示。

其中，350~850MHz 频段主要用于集群移动通信、蜂窝移动通信、无绳电话、移动数据业务等通信系统。2.4GHz 和 5.8GHz 属于无需申请即可使用的 ISM 频段，当前许多的民用电子产品的通信技术如 Wi-Fi、ZigBee、蓝牙等均工作在这一频段。10~13GHz 的超高频是移动、联通、电信的 3G 及 4G 移动通信网络等的主要承载频段。

表 8-1 无线频谱划分

名称	甚低频	低频	中频	高频	甚高频	特高频	超高频	极高频
符号	VLF	LF	MF	HF	VHF	UHF	SHF	EHF
频率	3~30 kHz	30~300 kHz	300~3000 kHz	3~30 MHz	30~300 MHz	300~3000 MHz	3~30 GHz	30~300 GHz
波段	甚长波	长波	中波	短波	米波	分米波	厘米波	毫米波
波长	1~100km	1~10km	100m~1km	10~100m	1~10m	100mm~1m	10~100mm	1~10mm
传播特性	空间波为主	地波为主	地波与天波	天波与地波	空间波	空间波	空间波	空间波
主要用途	海岸潜艇通信；远距离通信；超远距离导航	越洋通信；中距离通信；地下岩层通信；远距离导航	船用通信；业余无线电通信；移动通信；中距离导航	远距离短波通信；国际定点通信	流星余迹通信；对空间飞行体通信；移动通信	小容量或中容量微波中继通信；对流层散射通信	大容量微波中继通信；数字通信；卫星通信	再入大气层时的通信；波导通信

考虑到森林火灾智能监测系统节点部署的环境特点、系统成本等因素，本书着重考虑信号覆盖范围广、传输信号稳定、易于搭建无线传输网络的 350~850MHz 频段构建无线数字传输网络。

8.1.2 监控中心管理平台需求分析

后端监控中心管理平台是数据处理层的核心，是森林火灾智能监测系统智能存储、火灾识别、火灾定位、覆盖优化、应急指挥救援、灾后评估等功能的综合应用平台。通过后端监控中心管理平台，可以实现保存前端节点监测到的环境参数、视频图像，或通过监控中心大屏幕电视墙显示采集的图像信息及各项参数信息等。在监控中心对采集到的数据进行分析处理后，可以实现火灾的识别、定位、报警等功能。火灾发生后，在指挥中心可以调度人员进行灭火，并根据火灾发展趋势提供辅助决策。灾后，根据采集到的完整的过程数据可为灾后评估等工作提供可靠而详实的第一手资料。

基于以上功能需求，森林火灾智能监测系统后端监控中心管理平台的需求如下。

(1)视频图像监控管理软件：需要使用视频图像监控管理软件实现对前端节点采集到的图像视频信息进行管理。

(2)联网监控管理服务器：运行视频监控管理平台软件。

(3)监控管理客户端 PC 机：运行客户端软件。

(4)操作台：安装管理服务器或 PC 机，便于管理人员日常管理和维护。

(5)大屏幕显示系统：采用大屏幕 DLP 拼接组成大尺寸电视墙，可用于显示视频图像等各种前端节点采集的信息。

（6）监视器：对单个图像进行监视，作为系统辅助显示使用。

（7）LED 屏：安装在大屏幕显示系统上部，用于显示文字信息等。

（8）视频编解码器：使用视频解码器完成图像格式的转换。

（9）交换机：用于连接服务器、网络设备、监控设备、PC 机等监控中心设备。

（10）综合布线：为完成设备联网、语音通信、设备供电等需求，需对指挥中心进行综合布线。

（11）静电地板：需要采用静电地板保护放有电子设备的机房，防止电子设备和人体产生静电损坏电子设备。

（12）防雷接地：必修使用至少小于 4Ω 的接地系统，将防雷器设备、静电地板和机房的其他电子设备等接入接地系统。

8.1.3　森林火灾监测系统物联网节点需求分析

森林防火智能监测系统中，前端节点负责数据的采集和传输、火灾智能识别、火灾定位等，因此非常重要。由于前端节点被部署在森林区域，周围分布着树木、丛林等，在网络条件允许的情况下，还应根据周围的地形地势等自然条件考虑节点选址、监控范围、节点供电、节点防盗、防雷接地等问题。

1. 节点选址分析

前端节点首先需要分析的是节点的选址，主要根据林区的地形地貌结合智能化森林防火监控的特点进行节点选址。其选址原则如下。

（1）根据地形的区别选址原则：

带状山：一般选择位置在带状山两侧靠外的位置，这样可以得到更大的监测半径。

高低起伏较大的山：一般选择位置在山坡上更开阔的位置。

高低起伏较小的山：一般选择位置在山顶制高点位置。

长条状山沟：一般选择位置在山坡位置。

（2）根据火灾智能监测系统特点选址原则：火灾智能监测系统主要依靠摄像头来采集图像信息，摄像头监控以平视为主要工作姿态，仰视和俯视作为辅助，选址时应充分考虑这一特点。

（3）根据人群出现的频次选址原则：由于人为因素是造成森林火灾发生的原因之一，因此前端节点选址时应尽量考虑人群出现频次较高的位置。

由于实际选址中各地地形地貌千差万别，当不符合上述特点时，还需根据实地勘察的结果进行针对性选址。

2. 监控范围分析

火灾智能监测系统中，图像采集硬件需要有相机、镜头、保护盖、云台等。根据系统对图像质量和监控范围的要求可进行如下分类。

摄像机可以根据分辨率分为：标准清晰度 D1、高清 720P、全高清 1080P。

为了增大监控范围，一般使用长焦电动镜头。监控范围与长焦镜头的选择关系如下。

（1）监控范围在3km以内：选择长焦镜头不小于200mm就可以满足要求。

（2）监控范围在3~5km的：选择长焦镜头不小于300mm。

（3）监控范围在5~8km的：选择长焦镜头不小于500mm。

（4）监控范围在8km以上的：选择长焦镜头不小于700mm。

考虑到野外恶劣的环境，需要采用野外大型防护罩对摄像机和镜头进行保护。采用的野外大型防护罩需要配有温控系统，保障摄像机和镜头能够在全天候的高低温环境下正常工作，又特别针对北方，能够支持在-45℃环境下保障摄像机和镜头正常工作的保温性能。

森林防火监控需要采用云台实现对林区资源进行大范围、大视野的监控，云台是森林防火智能化监控系统中非常重要的设备。因为森林防火的云台一般都安装在野外较高的位置，一般的普通云台在林区有风的情况下非常容易发生抖动，从而导致监控图像抖动，对于森林防火智能监控系统需要采用重型数字云台才能满足野外森林防火监控的要求。针对森林防火智能监控系统需求的重型数字云台参数要求如下：

（1）重量≥20kg以上，防止监控图像抖动。

（2）负荷≥50kg以上，满足森林火灾监测的重负荷需求。

（3）旋转范围：0~360°方位角。俯仰角：-45°~45°，实现大范围森林资源监测的需求。

（4）需要集成数字云台接口，可以远程控制云台的角度，以及镜头焦距。

（5）可以实时采集云台的方位角和俯仰角以及镜头焦距等参数。

（6）可维护性：云台控制电路板可以插拔，可以更换云台控制电路板，完成云台维护。

（7）耐低温性：针对北方气候特点，能够支持在-45℃环境下正常工作的性能。

3. 供电分析

电源是设备正常工作的重要前提，森林火灾智能监测的前端节点都工作在野外环境下，对前端节点设备的供电显得十分重要。一般情况下，森林周围可以接入城市/农村电源的接入点一般都很远，而且费用高，代价大。因此对于森林火灾智能监测系统的前端节点供电优先考虑使用太阳能发电或风能和太阳能互补电源。应急情况下，可考虑使用干电池等供电方式。

森林火灾智能监测系统供电系统的选择原则考虑如下。

节点附近有城市/农村电源接入的情况：如果使用城市/农村电源接入，考虑到现场电压不稳定，容易损坏前端节点设备，应通过加入稳压设备，以保证输出稳定的电源为前端节点供电。

节点附近无城市/农村电源接入的情况：使用太阳能供电或风能和太阳能互补供电。根据当地的气候条件，如果森林区域太阳照射时间长，优先考虑采用太阳能发电系统；如果森林区域太阳照射时间短或者一般，风能却很丰富，则优先考虑采用风能和太阳能互补供电。通常配置风能和太阳能互补供电功率比为 6：4。

对于冬季北方和南方差异化的气候特点，需要考虑使用不同的太阳能专用电池，在
20℃以下情况时，可以使用胶体类电池，并采取保暖措施对电池进行保护。在 20℃以上
情况时，使用深循环类电池即可满足需求。

4. 防盗系统分析

森林火灾智能监测系统前端节点都处在野外无人值守环境，需考虑节点设备的防盗措
施。为了防止节点设备被盗，可以利用系统摄像头进行监控录像及报警对讲系统，来起到
威慑作用。

5. 防雷接地系统分析

前端节点的位置一般在野外森林区域，极易遭到雷电的打击，因此防雷节点系统成为
保证节点设备安全的必要一环。通常采用接地系统将雷电形成的巨大电流快速引入大地，
发挥保护前端节点设备的作用，这里一般使用防雷器来构建接地系统。

8.2　系统功能设计

基于物联网的森林火灾监测系统将大规模数据采集技术、监控技术、智能识别技术、
无线通信传输技术、智能优化算法等高科技技术融入系统，是包括森林火灾数据采集、视
频监控、节点定位、覆盖优化、数据收集、智能预警等功能模块的集成系统。基于物联网
的森林火灾智能监测系统功能设计如图 8-1 所示。

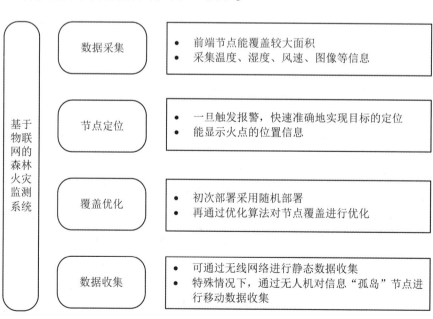

图 8-1　系统功能设计图

如图 8-1 所示，如果要实现早期发现森林火灾，尽早灭火，整个系统应有森林火灾数据采集、节点定位、覆盖优化、数据收集等功能[177-183]。四个模块功能协同工作，从而形成森林防火监测工作从节点数据采集、节点定位、覆盖优化到数据收集过程的完整性。

8.3 森林火灾智能监测系统设计

监测系统由森林火灾智能监测参数采集网络和后台数据支撑平台组成。监测系统的总体结构如图 8-2 所示。现场采集节点和网关节点共同构成森林火灾智能监测参数采集网络。数据支撑平台负责数据分析和处理，并将数据分析和处理结果反馈给森林火灾监测采集节点。

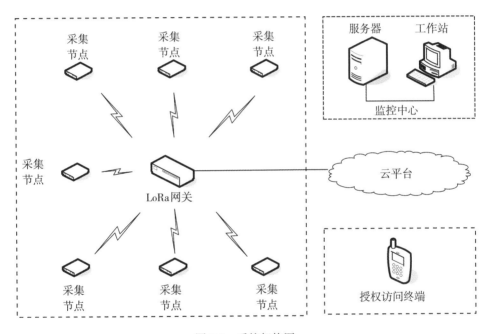

图 8-2 系统架构图

系统拟采用 LoRa 技术构建森林火灾智能监测参数采集的物联网系统。现场采集节点根据前面章节所述，初次部署可采用投射或无人机抛撒的方式，再次部署时根据第 5 章中的优化方法获得优化部署方案后，采用人工或无人机定点投射的方式，灵活部署在优化后的位置处，实时获取森林火灾监测的温度、湿度、风速等数据，并通过 LoRa 无线通信技术将数据发送至网关节点。网关节点将节点监测数据集中传送至云平台。网关节点同时用于动态组网，以构建传输网络。监测数据可以由多个网关节点处理，经过多跳后到达云平台。云计算平台对数据进行初步处理后，送森林火灾预警专家系统进一步进行分析处理，最后再将反馈信息送回现场，实现森林火灾智能监测的信息化、自动化与实时性。系统使用阿里云构建森林火灾监测数据平台，负责对采集到的数据进行处理、存储、查看和后期使用。

8.3.1　无线网络技术选择

考虑到野外山林面积宽广且环境复杂，离监控中心距离遥远等不利因素，林区内的监控数据传输受到极大限制，因此需要建设独立的通信网络。传统的有线通信网络往往受到地形和经济条件的限制，无法在实际工作环境中得以应用[184-189]。相比之下，无线网络具有覆盖面积广、架设方便、方便部署等优点，因此非常适合林区环境。利用可靠的无线网络传输功能，各节点的监控数据能够快速、安全地传送回监控中心；不仅避免了火情发现不及时，而且能够大量减少对设备的前期建设和维护投入。目前广泛使用的通信技术有Wi-Fi、Bluetooth、GPRS、ZigBee 等，其特点如表 8-2 所示。

表 8-2　　　　　　　　　　　　常用无线通信技术比较

特点＼方案	速率	能耗	传输距离
Wi-Fi	10MB/S	0.5W	100~200m
Bluetooth	50KB/S	0.12W	10m
ZigBee	250KB/S	0.048W	200m
GPRS	20KB/S	1W	取决于当地运营商

如表 8-2 所示，Wi-Fi 的特点是数据传输速率高、距离近、功耗大，而在森林防火监测系统应用中，并没有较高的数据传输速率要求。所以，Wi-Fi 在实际选择中不占优势。蓝牙(Bluetooth)技术主要面向移动电话，因此其传输距离太短，仅 10m。另外，蓝牙依赖主从关系，实现复杂且最多只能有 8 个节点，不适合需要大量监控网点的森林火灾监测系统。

近年来，随着物联网技术的迅猛发展，新的物联网技术不断涌现，表现较为突出的有LTE-M，Sigfox，LoRa 等低功耗无线广域网技术。现将其与前面几种常见无线通信技术性能比较，如表 8-3 所示。

由表 8-3 可见，相比之下，对于森林环境的特殊需求，LoRa 技术由于传输距离远、功耗低等优势，更适合作为节点和网关之间的无线通信技术。在系统应用中，由于 LoRa 技术的低功耗、远距离特性，可在大范围森林监测区域内依照本书中前面提及的方法，部署相对较少的物联网节点，即可实现对森林火灾的智能监测。

表 8-3　　　　　　　　　　各无线网络性能对比

无线技术	802.11ah	WLAN	ZigBee	LTE-M	Sigfox	LoRa
灵敏度	−106dBm	−92dBm	−100dBm	−117dBm	−126dBm	−142dBm
链路预算	126dB	112dB	108dB	147dB	146dB	162dB
范围	0：700m 1：100m	0：200m 1：300m	0：150m 1：30m	1.7km urban 20km rural	2km urban 20km ural	3km urban 30km rural
数据速率	100kbps	6Mbps	250 kbps	1 Mbps	600bps	37.5~0.2kbps
发送电流	300mA 20dBm	350mA 20dBm	35mA 8dBm	800mA 30dBm	120mA 20dBm	120mA 20dBm
待机电流	NC	NC	0.003mA	3.5mA	0.001mA	0.0018mA
接收电流	50mA	70mA	26mA	50mA	10mA	10mA
电流寿命	—	—	—	18months	90months	105months
定位距离	No	1~5m	No	200m	No	10~20m
抗干扰性	Moderate	Moderate	Bad	Moderate	Bad	Good
网络类型	Star	Star	Mesh	Star	Star	Star

LoRa 以其"一长三低"(长距离、低功耗、低价格、低速率)的特点，特别适用于森林火灾智能监测物联网的实际需求。LoRa 技术特点主要有以下几点。

(1)超低功耗唤醒。支持超低功耗唤醒技术，特别适合终端电池供电，同时需要支持用户远程控制。基于 CAD(Channel Activity Detection)和地址过滤技术，节能高效；支持广播和单播唤醒，灵活便捷。

(2)超长通信距离。空旷环境可覆盖半径 5km 的区域，抗干扰和链路稳定性优于 FSK 技术。

(3)超低功耗。基于超低功耗设计，终端休眠功耗低至 $1.4\mu A$，特别适合电池供电的产品。在一些典型的应用中，2 节 5 号电池可以有效工作 10 年。

(4)TDMA(时分复用)。基于 TDMA 通信技术，网络内所有终端通信无碰撞，最大化利用带宽，没有重传延时，提高网络整体服务质量，降低网络整体功耗。

(5)自组网。仅需对网关进行简单配置；终端不用配置与维护，与网关自动组网，极大降低用户的使用复杂度和维护成本。

(6)健壮性。内嵌多种无线通信健壮性技术，可智能化解决，如通信碰撞、微弱信号、外界干扰、断网继连等挑战，可提供一个长期稳定运营的物联网系统。

LoRa 系统典型的网络结构如图 8-3 所示，主要包括云系统、LoRa 网关、LoRa 终端、用户采集系统。

LoRa 技术功能指标包括以下 6 项。

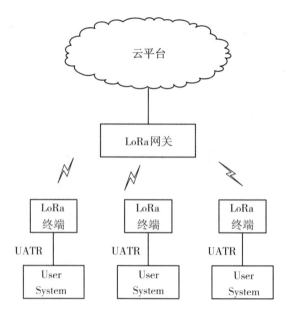

图 8-3　LoRa 系统典型的网络结构

（1）通信距离。基于 LoRa™扩频调制技术，安装高增益 470MHz 天线，网关与终端有效通信距离，在空旷环境下可达 5km。网关和终端可以设置空中速率挡位，它的规律是：距离越远，速率越低。表 8-4 是实测数据。

表 8-4　　　　　　　　　　　　**LoRa 通信距离与速率表**

模式	空中速率	空空传输	小区环境	楼道通信
远距离	443bps	5000m	绕射 4 栋 32 层建筑物，120m	36 层
中距离	2876bps	2000m	绕射 3 栋 32 层建筑物，100m	20 层
近距离	20334bps	1000m	绕射 2 栋 32 层建筑物，90m	10 层

（2）通信速率。同一个子网（星型网）内，所有终端共享 LoRa 无线带宽，如"远距离"模式下，整个子网的最大带宽为 443bps，保留给用户最大 95%（420bps）使用带宽（无线通信协议消耗部分带宽），体现 LoRa"长距离，低速率"的特征。

（3）终端功耗。对于电池供电的无线通信设备，功耗是极为重要的指标。LoRa 终端基于超低功耗设计，在硬件选型和软件节能上对低功耗的考虑较为充分。终端功耗指标如表 8-5 所示。

（4）主动上报。同信道无线通信一般有 CSMA 和 TDMA 两大技术。考虑到 LoRa 远距离时速率较低（小于 1kbps），而采集系统自身具备定时上报的特性，我们选用 TDMA 作为主动上报技术。TDMA 原理如图 8-4 所示。

表 8-5   **LoRa 终端功耗表**

工作模式	测试条件	最大值	典型值	最小值	单位
低功耗模式	射频关闭，MCU 休眠		1.4		μA
CAD 侦听	射频侦听，MCU 运行	11.3	7	6.7	mA
接收模式	射频接收，MCU 运行	17.3	13	12.7	mA
发送模式	射频发送，MCU 运行	92.3	88	87.7	mA

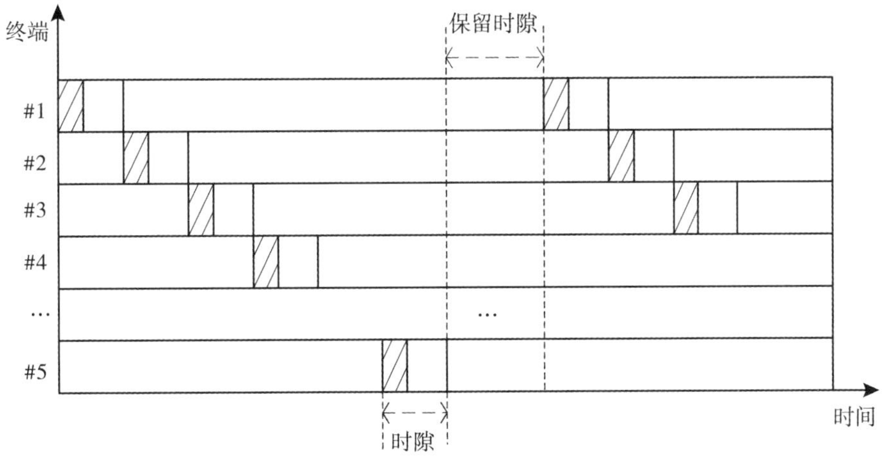

图 8-4 TDMA 示意图

如图 8-4 所示：N 个终端将一段时间分成 N 个时隙（Slot），每个终端在自己分配的时隙与网关通信。时隙（Slot）依赖于：通信速率和主动上报数据长度，它的实例如表 8-6 所示。根据大量的实测和应用，这是符合 LoRa 特性的。实际上，当网络负荷达到中载（带宽利用率超过 50%）时，CSMA 的效率大减且耗能增大，因为大量的终端通信冲突，不得不延时重传。

表 8-6   **时隙（Slot）实例表**

速率	1B（ms）	10B（ms）	100B（ms）	247B（ms）
高	97	102	143	209
中	254	279	569	1035
低	1694	1795	3610	6635

（5）唤醒下发。唤醒通信大致分成 4 种情形，它们的功耗和时间分别如图 8-5 和表 8-7

所示。

　　①没有唤醒：终端 CAD 侦听信道空闲，立即进入休眠。

　　②单播唤醒，地址不是自身：终端执行地址过滤，立即进入休眠。

　　③广播唤醒：终端打开射频，接收完广播数据帧，再进入休眠。

　　④单播唤醒，地址是自身：终端接收数据帧，回复 ACK 帧，最后进入休眠。

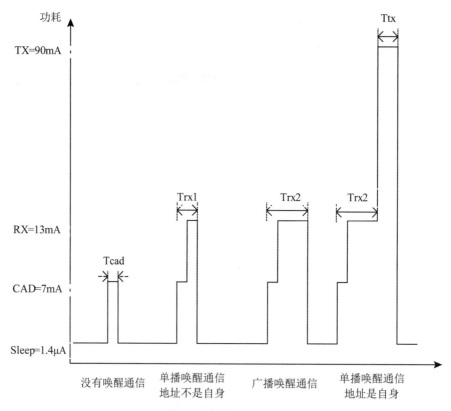

图 8-5　唤醒通信功耗

表 8-7　　　　　　　　　　　　　　　　唤醒通信时间

速率	Tcad(ms)	Trx1(ms)	Trx2(ms)（依赖数据长度）			Ttx(ms)（依赖 ACK 长度）		
			1B	10B	247B	1B	10B	247B
高	21	26	52	56	163	26	31	137
中	31	77	141	179	923	77	102	846
低	248	510	1020	1221	5960	510	711	5551

　　(6)子网划分。用户可以划分不同频段来组织不同的子网，这就是 FDMA（频分复用）

技术。例如：一个子网工作在 470MHz，另一个子网工作在 471MHz，这两个子网互不干扰。每一个频段称为一个信道，网关信道划分与空中速率挡位有如下对应关系，如表 8-8 所示。

表 8-8　　　　　　　　　　　　网关信道划分与空中速率挡位

模式	信道带宽	常用实例		
远距离，低速率	200kHz	469.8MHz	470.0MHz	470.2MHz
中距离，中速率	300kHz	469.7MHz	470.0MHz	470.3MHz
近距离，高速率	1000kHz	469.0MHz	470.0MHz	471.0MHz

8.3.2　硬件设计

森林火灾监测参数采集节点硬件部分，由负责整个系统运行的嵌入式处理器，负责信息传输的 LoRa 无线传输模块，负责信息采集的传感器模块，负责信号调理的调理电路，负责系统存储的存储单元，负责相关信息显示的 LCD 显示模块，负责在特殊情况下报警的报警模块，以及系统必需的时钟模块和电源模块共同构成[190-192]。整个森林火灾监测参数采集节点硬件部分如图 8-6 所示。

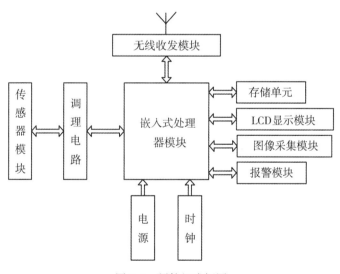

图 8-6　硬件组成框图

1. 核心处理器选择

嵌入式处理器模块需维持整个系统的正常运行，负责各项指令的发送、读取和执行操作，是森林火灾监测参数采集节点硬件组成的核心，其外围接口连接不同的硬件模块，因此需要支持较为齐全的接口，可以支持系统任务的运算能力，以及保证长时间工作的低功耗特性。同时，由于系统需要采集林火监测目标区域内的环境信息参数，因此处理器模块应具有模数转换部分，方便模拟信号的采集变换。本书经多方面比较，选择了具有 203MHz、32bit 的 ARM9 嵌入式核心处理器。该处理器相比其上代 ARM7 处理器，计算能力更强，增加的独立内存管理单元 MMU 更是大大提升了系统的运行速度；且采用相互独立的指令缓存和数据缓存，0.18μm 的工艺制造技术，使系统的性价比较高。该核心处理器还可运行 Linux 等多种嵌入式操作系统，简化了系统研发的步骤，降低了难度，可广泛支持并满足各种应用背景下的硬件开发需求。

2. 无线收发模块选择

无线收发模块是森林火灾监测参数采集节点硬件组成的重要部分，本书在前面部分经过对多种无线传输技术的比较，选用 LoRa 技术进行无线数据组网，因此，无线模块选用技术成熟的 SEMTECH 公司领先的 LoRa 模块 SX1278，其具有高灵敏度、低功耗、抗干扰的特点，SX1278 模块视距传输可达 15km，城市环境可达 3km，可无死角覆盖数千米的环境，特别适合远距离、低功耗数据传输使用。

SX1278 模块使用 LoRa™ 远程调制解调器，进行超长距离的抗干扰扩频无线通信，并可以最小化电流消耗。凭借获得专利的 LoRa™ 调制技术，SX1278 使用低成本晶体和材料，可以提供超过 −148dBm 的高灵敏度。同时，它将高灵敏度和 +20dBm 功率放大器集成，使链路预算达到业界领先水平，成为长距离传输和应用具有高可靠性要求的最佳选择。与传统调制技术相比，LoRa™ 调制技术不同于传统设计方案中距离、抗干扰和功耗三者必须有所牺牲的问题，其在抗阻塞和选择性方面同样具有明显优势。

SX1278 模块还支持 WM-Bus 和 IEEE802.15.4g 等系统的高性能（G）FSK 模式。与同类器件相比，SX1278 在大幅降低电流消耗的基础上，还显著优化了相位噪声、选择性、接收机线性度、三阶输入截取点（IIP3）等各项性能。其性能参数如表 8-9 所示。

表 8-9　　　　　　　　　　　　　　　　**SX1278 模块性能参数**

序号	参数名称	参数值	描　　述
01	模块尺寸	21mm×36mm	不含 SMA
02	平均重量	6.7g	含 SMA
03	工作频段	默认 433MHz	频段范围 410~441MHz，信道数 32
04	PCB 工艺	4 层板	阻抗调试，无铅调试，机贴
05	接口方式	1mm×7mm×2.54mm	直插
06	供电电压	2.3~5.5V DC	注意：高于 5.5V 电压，将导致模块永久损毁

续表

序号	参数名称	参数值	描　述
07	通信电平	最大 5.2V	建议与供电电压之差小于 0.3V，以降低功耗
08	实测距离	3000m	晴朗空旷，最大功率，无线增益 5dbi，高度 2m，空中速率 2.4kpbs
09	发射功率	20dBm	约 100mW，4 级可调（20、17、14、10dBm）
10	空中速率	2.4kbps	6 级可调（0.3、1.2、2.4、4.8、9.6、19.2kbps）
11	休眠电流	2.0μA	模式 3（$M_0=1$，$M_1=1$）
12	发射电流	120mA@ 20dBm	建议电源提供 300mA 以上电流输出能力
13	接受电流	14mA	模式 0，模式 1
14	通信接口	UART 串口	8N1、8E1、801，1200—115200 共 8 种波特率（默认 9600）
15	驱动方式	UART 串口	可设置成推挽/上拉，漏级开路
16	发射长度	缓存 512 字节	内部自动分包 58 字节发送
17	接收长度	缓存 512 字节	内部自动分包 58 字节发送
18	模块地址	可配置 65536 个地址	便于组网，支持定点传输、广播传输
19	空中唤醒	支持	最低平均功耗约 30μA（适用于电池供电的应用方式）
20	RSSI 支持	内置智能化处理	无需关心
21	天线接口	SMA-K	外螺纹内孔，50Ω 特性阻抗
22	工作温度	−40~85℃	工业级
23	工作湿度	10%~90%	相对湿度，无冷凝
24	存储温度	−40~125℃	工业级
25	接收灵敏度	−138dBm@ 0.3kbps	接收灵敏度与串口波特率、延迟时间无关

3. 传感器模块选择

传感器模块包括温湿度传感器和风速传感器模块，用于对森林环境的温湿度信息和风速信息进行采集，而后信号经由调理电路对相对微弱的采集信号进行调理，以便信号的后续处理。调理电路对采集到的微弱信号主要进行放大、滤波，调理后的采集信号送至核心处理器的模数变换部分，完成模数变换后送入 ARM9 嵌入式处理器使用、处理。

温湿度传感器采用 Silicon Lab 公司的数字化温度传感模块 Si7005，Si7005 数字相对湿度和温度感测模块采用 I²C 串行接口，支持高达 400kHz 的数据传输速率，封装采用 4mm ×4mm QFN 封装，支持回流焊接，内部包括了湿度和温度传感器元件、模数转换器和信号处理功能三部分，并将其集成到单片 CMOS 传感器 IC 中。温度和湿度传感器在出厂时校准，校准数据存储在非易失性存储器中。

风速传感器采用 HS-F01 三杯式风速传感器，信号输出为脉冲信号，可支持电流输出 4~20mA，电压输出 0~5V，RS232/485 数字信号输出，供电电压为 DC 12~24V，响应时间小于 2s，测量范围 0~30m/s，测量精度±0.5m/s，启动风速 0.5m/s，环境温度 -30~85℃，电位引线为三线制或二线制，可以满足森林火灾监测系统的需求。

通过脉冲输出型计算风速的方法如下。

$$风速 = 单位时间内的脉冲数 × 系数 \tag{8-1}$$

式中，单位时间指 1s；型号尾缀为 4CM，则系数为 0.3；型号尾缀为 8CM，则系数为 0.15；型号尾缀为 12CM，则系数为 0.1；型号尾缀为 16CM，则系数为 0.075。

风速与输出信号对照表如表 8-10 所示。

表 8-10　　　　　　　　　　　　风速与输出信号对照表

风速（m/s）	电流输出 （4~20mA）	电压输出 （0~5V）	电压输出 （1~5V）	电压输出 （0~2V）
01	4.52	0.17	1.13	0.07
02	5.08	0.33	1.27	0.13
03	5.6	0.5	1.4	0.2
04	6.12	0.67	1.53	0.27
05	6.68	0.83	1.67	0.33
06	7.2	1	1.8	0.4
07	7.72	1.17	1.93	0.47
08	8.28	1.33	2.07	0.53
09	8.8	1.5	2.2	0.6
10	9.32	1.67	2.33	0.67
11	9.88	1.83	2.47	0.73
12	10.4	2	2.6	0.8
13	10.92	2.17	2.73	0.87
14	11.48	2.33	2.87	0.93
15	12	2.5	3	1
16	12.52	2.67	3.13	1.07
17	13.08	2.83	3.27	1.13
18	13.6	3	3.4	1.2
19	14.12	3.17	3.53	1.27

续表

风速(m/s)	电流输出 (4~20mA)	电压输出 (0~5V)	电压输出 (1~5V)	电压输出 (0~2V)
20	14.68	3.33	3.67	1.33
21	15.2	3.5	3.8	1.4
22	15.72	3.67	3.93	1.47
23	16.28	3.83	4.07	1.53
24	16.8	4	4.2	1.6
25	17.32	4.17	4.33	1.67
26	17.88	4.33	4.47	1.73
27	18.4	4.5	4.6	1.8
28	18.92	4.67	4.73	1.87
29	19.48	4.83	4.87	1.93
30	20	5	5	2

4. 图像采集模块

摄像头选用采用了 OV5647 感光芯片的 RPi IR-CUT Camera 红外夜视摄像头。该摄像头内置 IR-CUT，可修正红外摄像头白天偏色的问题，成像效果更好；自带红外补光灯，支持红外夜视；支持调焦，可根据物体的远近进行调整。

其他参数：500 万像素；感光芯片 OV5647。

摄像头参数：

CCD 尺寸：1/4 英寸。

光圈(F)：1.8。

焦距(Focal Length)：3.6mm(可调)。

视场角(Diagonal)：75.7°。

传感器最佳像素：1080p。

4 个螺孔：可用于固定位置。

支持 3.3V 对外供电；支持接入红外灯或补光灯。

尺寸：31mm×32mm。

摄像头通过 USB 接口与核心处理器相连。摄像头模块主要完成对所覆盖位置的图像信息采集，并将信息交由核心处理器处理后发送至后台烟火识别系统。烟火识别系统负责对图像信息进行数字化处理，而后对烟雾，火的颜色、形状、轮廓、纹理和光谱特征，空间几何等进行智能分析，如果发现疑似烟火，自动识别后立即向监控中心发送火灾报警信号。为了进一步降低误报率，烟火识别系统可以在第一次检测到烟火后，通过控制信号自动调节焦距，对图像信息放大，进行第二次识别和确认。

5. 报警模块

报警模块由一个室外防水喇叭构成。森林火灾智能监测系统前端采集节点设备大多数安装在无人值守的密林深处，需要考虑设备防盗的问题。对于野外森林火灾监测采集节点的防盗，系统拟采用摄像头视频侦探方式和语音对讲方式，起到警告和威慑作用。

系统基于摄像头采集到的图像信息，通过设置不同的报警类型，来防止采集节点设备被盗。如有人闯入或破坏采集节点，报警系统会自动开启，摄像头采集图像信息发送到监控中心，扬声器播放警告提示。监控人员在监控中心接收到报警信号后，可通过图像信息查看到现场状况，并可通过语音系统与现场进行语音对讲。

8.3.3　软件设计

采集节点和网关节点软件由操作系统软件和具体应用程序共同构成[193]。操作系统经比较选用代价成本低、运行稳定的嵌入式 Linux。

1. 系统移植

嵌入式 Linux 操作系统由于良好的网络性能且源代码开放而广受欢迎，系统移植的嵌入式 Linux 操作系统由三部分组成，包括初始引导程序、系统映像文件和文件系统。其中，初始引导程序主要实现：硬件节点接通电源后，相关组成模块及电路的初始化工作；物理存储空间与虚拟存储空间的映射；而后将嵌入式 Linux 系统映像文件调入内存运行。采集节点和网关节点初始引导程序选用技术成熟稳定、操作简单、扩展性强的 U-boot 初始引导程序。该初始引导程序对核心处理器 ARM9 有良好的支持，并具有成熟的命令集可供使用。

系统映像文件采用代码成熟度较高的嵌入式 Linux2.6 内核，在宿主机-目标机的编译配置模式下，采用先在宿主机上对嵌入式 Linux2.6 内核进行配置、编译操作，然后生成针对 ARM 平台的二进制系统内核映像代码文件，而后通过网口或者串口下载到目标机中使用。在下载嵌入式 Linux2.6 内核源码文件后，采用可视性更好的图形化内核编译界面，对需要的内核模块进行相关选择性配置，包括对所采用的处理器的支持，网络协议的支持，文件系统的支持等。为了得到可以在 ARM 平台上运行的嵌入式 Linux 内核文件，编译采用 arm-linux-gcc 交叉编译工具，实现针对 ARM 平台的交叉编译。具体的系统映像文件编译命令按照以下步骤进行。

```
#> make menuconfig    //图形化内核界面的开启
#> make dep           //进行系统映像文件间的关联
#> make zImage        //系统映像文件的生成
```

当以上系统映像文件编译命令运行完成后，将自动生成系统映像文件 zImage，开启

U-boot 控制台环境，可通过网口或者串口将此系统映像文件 zImage 下载到目标机中，即下载到森林火灾智能监测采集节点和网关节点中使用。完整的系统映像文件移植流程如图 8-7 所示。

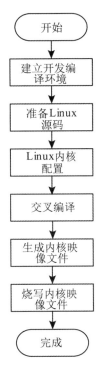

图 8-7　嵌入式 Linux 内核移植流程图

采集节点和网关节点文件系统由库文件、相应的配置文件和用户应用程序组成，设计采用独立的两个文件系统来分别管理存储操作系统文件和用户文件，其中使用 Yaffs 格式文件系统存放采集到的森林火灾监测环境参数信息，Cramfs 文件系统单独用来保存 Linux 系统文件，以便系统运行流畅和维护方便。

2. 应用程序开发

森林火灾监测参数采集节点应用程序在宿主机内完成代码的编写和编译，而后同系统映像文件一同下载至目标机，即森林火灾智能监测参数采集节点中使用。软件程序设计完成森林环境参数数据的采集、相关信息数据的存储、操作命令的发送及接收等。系统软件程序可划分为森林环境监测节点定位任务、节点覆盖任务、节点数据发送任务、采集森林环境湿度信息任务、采集森林环境温度信息任务、采集森林环境风速信息任务、采集森林环境图像信息任务，共 7 个子任务。森林环境参数采集节点主程序软件流程如图 8-8 所示。

如图 8-8 所示，系统通电后，首先进行初始化软硬件的工作，然后，当森林环境参数采集节点检测到系统的指令时，处理器调用相应的子任务，完成森林环境监测子任务，并在子任务结束后，在显示模块显示，同时在存储单元保存。系统可在设定的条件下，将数据通过 LoRa 无线网络，以数据包的格式发送至网关节点，网关节点根据网络状况通过路由，将数据转发至监控中心。当森林环境参数采集节点没有检测到系统的指令时，所有系统子任务被挂起，并立即进入节电模式，以便降低节点功耗，延长节点的网络生存时间。

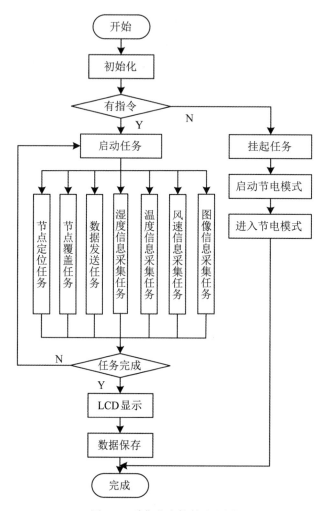

图 8-8　采集节点软件流程图

8.4　实验测试

我们在野外森林实验环境下，对森林火灾监测系统进行了模拟测试，并对第 4 章至第

7 章的内容进行了验证。测试的采集节点硬件主板电路如图 8-9 所示。

图 8-9 采集节点硬件主板电路

（1）未知节点定位测试。模拟测试环境选择一块 100m×100m 的森林区域，随机布放 4 个信标节点和 6 个未知节点，已知的 4 个信标节点坐标分别为（35，90），（20，35），（60，76），（70，85），通信半径设为 80m，根据第 4 章中的方法取得了不同节点处的未知节点的位置坐标及定位误差，如表 8-11 和图 8-10 所示。

表 8-11 节点定位数据及比较

未知节点编号	实际位置（m）	最小二乘估计位置(m)	绝对定位误差(m)	相对定位误差(%)	第 4 章方法估计位置(m)	绝对定位误差(m)	相对定位误差(%)
0×01	（30，20）	（28，22）	2.83	3.5	（31.5，21）	1.8	2.3
0×02	（84，30）	（84，33）	3	3.7	（84.5，28.5）	1.58	2.0
0×03	（70，35）	（67，34）	3.16	4.0	（72，35）	2	2.5
0×04	（10，75）	（12，77）	2.83	3.5	（9，75.6）	1.17	1.5
0×05	（50，55）	（51.5，52.5）	2.92	3.7	（50.7，53.7）	1.47	1.8
0×06	（90，20）	（90，23）	3	3.7	（91.3，20.9）	1.58	2.0

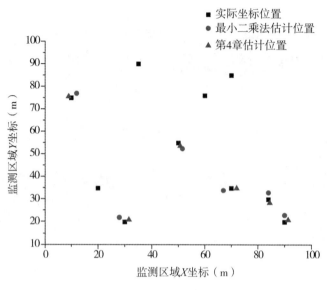

图 8-10　节点定位测试图

　　由表 8-11 和图 8-10 可知，森林火灾监测系统可方便地查询到某节点在某时刻的位置信息，完成未知节点的定位，从而实现对火险点的位置估计。当通信半径为 80m 时，通过第 4 章中的定位算法得到的定位误差比最小二乘法得到的定位误差小，两者相比，最小二乘法得到的平均绝对定位误差为 2.96m，通过第 4 章中的定位算法得到的平均绝对定位误差为 1.6m；最小二乘法得到的平均相对定位误差为 3.68%，通过第 4 章中的定位算法得到的平均相对定位误差为 2.02%；所得结论与 4.4 节中仿真结论相符，证明了本书第 4 章所提出的定位改进算法，在基于物联网的森林火灾监测系统中可以满足实际应用的需求。

　　（2）节点覆盖优化测试。模拟测试环境中，所有布放节点均采用智能小车携带的可移动的节点，选择 100m×100m 的森林区域，随机布放 4 个信标节点和 6 个未知节点，已知的 4 个信标节点坐标分别为（35，90），（20，35），（60，76），（70，85），通信半径设为 20m，取得了初始情况下的节点覆盖和采用第 5 章方法后的节点覆盖，如图 8-11 所示。

　　由图 8-11 和图 8-12 可知，通过第 5 章中的森林火灾监测节点改进差分进化算法覆盖优化后，火灾监测节点可以获得更大的覆盖范围，减少了覆盖盲区。从实际测试结果可知，森林火灾监测节点覆盖面积比初始随机覆盖面积提高约 30%。所得测试结论与 5.3 节中仿真结论相符，证明了本书第 5 章中所提出的基于改进差分进化算法的森林火灾监测节点覆盖优化算法具有较好的应用前景。

　　（3）移动数据收集测试。模拟测试环境中，采用智能小车携带数据收集节点来代替无人机，选择 100m×100m 的森林区域，假设随机布放的采集节点中有 30 个节点出现"信息孤岛"，根据第 6 章中所提出的方法，智能小车携带数据收集节点对"信息孤岛"数据的收

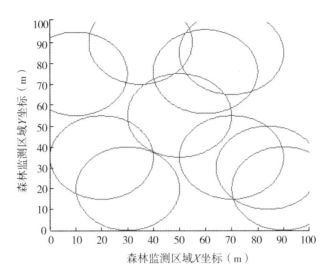

图 8-11 初始时刻节点覆盖图

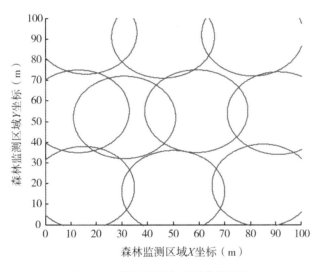

图 8-12 优化后节点可覆盖范围图

集路径如图 8-13 所示。

由图 8-13 和表 8-12 可知，通过第 6 章中的森林火灾监测数据收集路径优化算法可得到更短的数据收集路径距离，20 次测得的平均距离也更接近最优解，算法的收敛速度和稳定性都有所提高。所得测试结论与 6.4 节中数值试验仿真结论相符，证明了本书第 6 章中所提出的森林火灾监测数据收集路径优化算法在实际中的可用性。

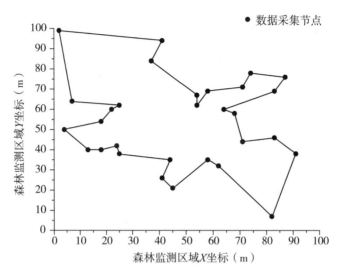

图 8-13　节点数据收集测试

表 8-12 节点数据收集路径比较

问题	算法	最优距离	20 次平均距离
30 个 "信息孤岛" 数据收集 (最优解为 424)	蚁群算法	443	464
	量子蚁群算法	436	452
	第 5 章算法	424	439

（4）数据采集测试。模拟测试环境中，采用第 7 章中设计的某一采集节点硬件设备（节点编号 0×08），对森林监测环境区域内，24 小时环境数据采集结果如表 8-13 所示。

表 8-13 节点 (编号 0×08) 采集到的环境数据

时间(小时)	风速(m/s)	湿度(%)	温度(℃)
0	4	22	−2
1	4	24	−2
2	4.1	26	−2
3	4.2	27	−2.2
4	4	30	−2.3
5	4	33	−3
6	4.2	36	−2.8
7	4.5	38	−2.5
8	5	37	−2
9	5	35	−1.8

续表

时间(小时)	风速(m/s)	湿度(%)	温度(℃)
10	5	33	−1.7
11	4.2	30	−1
12	4.2	29	0
13	4.3	27	1
14	4.4	24	1.6
15	4.2	21	2.6
16	4.2	18	3
17	4.3	15	2.3
18	4.3	13	2
19	4.2	14	0
20	4.2	16	−1
21	4.2	17	−1.4
22	4.3	19	−1.8
23	4.3	22	−2

由表 8-13 和图 8-14 可看到，森林火灾智能监测系统可方便地查询到 0×08 节点在某时刻周围环境的湿度、风速、温度信息，并能观察到变化趋势。由实验测得的数据可知，节点编号 0×08 处湿度在 13%~38% 间变化；温度在凌晨 5 时左右达到最低值，在 16 时左右达到最高值；风速较为平稳，大约为 4.2m/s，早晨 8 时至 10 时风速大约为 5m/s；森林火灾智能监测系统采集到的图像信息较为清晰，无异常现象。森林火灾监测节点采集到的各项环境数据，为后续数据处理和火灾监控提供了可靠保障。

图 8-14 节点(编号 0×08)采集到的图像信息

8.5　小　　结

通过搭建智能化的森林火灾监测系统，可对森林环境参数和突发性的火灾信息进行实时全自动化监测，有效提高森林火灾的预警和救援能力，为保护森林资源和人民生命财产提供重要保障。本章提出基于物联网的森林火灾智能监测系统设计，详细阐述了系统功能与结构，对无线网络技术选择、硬件设计、软件设计等进行了说明，并对第 4 章至第 7 章的内容进行了实验测试。测试结果表明，森林火灾智能监测系统节点的定位、覆盖、数据收集和节点数据采集功能运行正常，均可满足实际应用需求，为实现基于物联网的森林火灾智能系统提供了技术参考。

第9章 结 论

9.1 研究结论及创新点

森林资源是人民赖以生存和发展的重要资源,本书针对森林火灾智能监测这一现实需求,提出了基于物联网的森林火灾智能监测系统。在对该系统详细分析的基础上,提出了实际应用中迫切需要解决的一些关键问题的解决方法。本书所做的主要研究工作和创新点如下。

(1)提出一种改进的 DV-Hop 物联网森林火灾监测节点定位算法,该方法在定位算法中更充分地利用已知锚节点位置信息,对未知节点定位信息进行修正,仿真结果表明,该方法在不增加网络其他硬件设备的同时进一步提高了定位精度。

(2)提出一种基于差分进化的改进的森林火灾监测物联网节点有效覆盖方法,该方法在标准 DE 算法的基础上,提出基于二次插值的混合差分进化算法来对森林火灾监测物联网节点有效覆盖进行优化。仿真结果表明,该方法提高了算法的局部搜索能力,进一步减少了算法的计算代价,为森林火灾监测节点的优化部署提供了可靠方法。

(3)针对部署在森林环境中的大规模物联网,在节点由于火灾烧毁、树木倾倒压损造成部署方式被破坏,自组网网络中断,采集节点形成信息"孤岛"或者网络瘫痪无法采集的问题,提出一种通过无人机作为数据接收节点,采用改进的蚁群优化算法优化无人机路径的方法,遍历所有森林火灾监测信息"孤岛"节点,实现数据的收集。

(4)针对森林监测物联网中节点数目众多、分布广、密度大的特点,本书提出一种节能中继选择算法。该算法设置了最优的转发域,并在该转发域中获取最优的中继节点,从而实现节能路由。

9.2 展 望

物联网技术在森林火灾智能监测系统的应用,对于提高森林火灾监测与预警的现代化、智能化水平,实现对森林火灾"打早,打小,打了",减小森林火灾带来的损失,保护森林资源和人民国家财产安全,以及火灾应急救援和灾后评估都具有重要的现实意义。同时,实验与实践也证明将物联网技术与森林火灾智能监测系统相结合是必要的,符合现代森林火灾预警监测技术的发展趋势。

　　本书提出的森林火灾智能监测系统，为大范围情况下进行火灾监测提供了一种非常有效的解决方案。但在未来仍需要在以下几个方面进行更深入的研究。

　　(1)物联网中节点的位置定位算法和覆盖算法，需设计与之相应的硬件节点，部署相关网络，并在该平台上验证本书所提算法。

　　(2)基于物联网的森林火灾智能监测系统中，目前针对节点与网络的异构性考虑得较少，但在实际中应进一步研究解决方案。

　　(3)无人机数据收集作为森林火灾监测无线网络数据收集的有益补充，本书只在理想化情况下考虑了其中的路径规划问题，值得深入思考仍存在的其他问题。

　　(4)实际应用中，林区环境复杂，基于物联网的森林火灾智能监测系统还存在信号相互干扰、能量供应、数据处理、压缩等问题，需结合实际具体考虑使系统进一步优化。

参 考 文 献

[1]南海涛. 森林火灾动态监测预警技术方案的研究[J]. 森林工程, 2012 (6)：57-61.

[2]汪奎宏. 加拿大巴西的林业之行[J]. 浙江林业, 2006 (1)：36-39.

[3]刘少军, 甄久立. 智能视频监控系统在森林防火上的应用[J]. 林业科技情报, 2012 (2)：16-17.

[4]岳春波. 对兴隆林业局森林防火工作的几点建议[J]. 农村实用科技信息, 2012 (4)：65-65.

[5]李雅宁. 关于消防物联网应用与发展的思考[J]. 消防技术与产品信息, 2012 (s1)：192-194.

[6]陈可君. 浅谈物联网技术及在数字家庭中的应用[J]. 无线互联科技, 2013 (4)：181-181.

[7]程玉. 物联网技术及其在我国面临的挑战[J]. 软件, 2011 (5)：109-111.

[8]张春明. 物联网体系及相关技术研究[J]. 计算机时代, 2011 (10)：13-15.

[9]李洁. 物联网技术在农产品冷链物流中的应用[J]. 中国集体经济, 2011 (11s)：110-111.

[10]Martinez K, Hart J K, Ong R. Deploying a wireless sensor network in Iceland[M]// GeoSensor Networks. Springer Berlin Heidelberg, 2009：131-137.

[11]Xu N, Rangwala S, Chintalapudi K K, et al. A wireless sensor network for structural monitoring[C]//The 2nd International Conference on Embedded Networked Sensor Systems, 2004：13-24.

[12]Riggs T A, Inanc T, Zhang W. An autonomous mobile robotics testbed：construction, validation, and experiments[J]. Control Systems Technology, 2010, 18(3)：757-766.

[13]李青. 校园物联网的风向标[J]. 中国教育网络, 2010 (12)：43-44.

[14]陈芳. 浅谈基于物联网的校园管理[J]. 科技创新导报, 2011 (20)：24-24.

[15]梁锦雄. 面向物联网的系统及其网关设计[J]. 价值工程, 2011 (22)：172-174.

[16]Want R, Hopper A, Falcao V, et al. The active badge location system[J]. ACM Transactions on Information Systems (TOIS), 1992, 10(1)：91-102.

[17]Harter A, Hopper A. A distributed location system for the active office[J]. Network, 1994, 8(1)：62-70.

[18]谢招犇, 刘万蓉, 谢静如. 依托物联网技术促进农业信息化[J]. 安徽农业科学, 2011

(36)：21-22.

[19]赵星，廖桂平，史晓慧，等．物联网与云计算环境下的农业信息服务模式构建[J]．农机化研究，2012（4）：152-156.

[20]刺守亮．浅议物联网在建筑消防设施中的应用[J]．现代工业经济和信息化，2013（2）：83-85.

[21]Harter A，Hopper A，Steggles P，et al．The anatomy of a context-aware application[J]．Wireless Networks，2002，8(2/3)：187-197.

[22]李光辉，赵军，王智．基于无线传感器网络的森林火灾监测预警系统[J]．传感技术学报，2006，19(6)：2760-2764.

[23]张军国，李文彬，韩宁，等．基于 ZigBee 无线传感器网络的森林火灾监测系统的研究[J]．北京林业大学学报，2007，29(4)：41-45.

[24]胡全．基于 GIS 的森林火场模拟关键技术研究[D]．哈尔滨：东北林业大学，2014：22-24.

[25]夏俊，凌培亮，虞丽娟，等．基于量子遗传算法的无线传感网络路由优化[J]．同济大学学报(自然科学版)，2015，43(7)：1097-1103.

[26]吴金舟，王明文，胡剑锋，等．单节点的无线传感器网络数据传输优化策略[J]．传感器与微系统，2014，33(12)：20-23.

[27]李姗姗，廖湘科，朱培栋，等．基于网络编码的无线传感网多路径传输方法[J]．软件学报，2008，19(10)：2638-2647.

[28]唐强，骆海涛，郑小燕，等．基于无线传感器网络节点的高速无线组网传输方法[J]．探测与控制学报，2014，36(2)：58-61.

[29]李陶深，韦燕霞，葛志辉．跨层负载感知的无线 Mesh 网络拥塞控制[J]．北京邮电大学学报，2011，34(1)：50-54.

[30]魏琴芳，张双杰，胡向东，等．基于同态 MAC 的无线传感器网络安全数据融合[J]．传感技术学报，2011，24(12)：1750-1755.

[31]侯鑫，张东文，钟鸣．基于事件驱动和神经网络的无线传感器网络数据融合算法研究[J]．传感技术学报，2014，27(1)：142-148.

[32]高泽华，孙文生．物联网[M]．北京：清华大学出版社，2020：37-75.

[33]董健．物联网与短距离无线通信技术(第二版)[M]．北京：电子工业出版社，2016：2-25.

[34]房华，彭力．NB-IoT/LoRa 窄带物联网技术[M]．北京：机械工业出版社，2019：3-32.

[35]孙弋．短距离无线通信及组网技术[M]．西安：西安电子科技大学出版社，2008：20-45.

[36]廖建尚，周伟敏，李兵．物联网短距离无线通信技术应用与开发[M]．北京：电子工业出版社，2019：5-20.

［37］赵鹏程，张福全，杨绪兵，等．基于可视化的森林火灾监测节点优化部署策略［J］．山东大学学报（工学版），2019，49（1）：30-35，40．

［38］刘琳，郑凤娇，覃雪梅．基于多源遥感卫星制作数字正射影像图［J］．测绘通报，2019（s2）：126-129．

［39］谭星，冯鹏飞，张旭，等．物联网技术在我国智慧林业建设中的应用现状及发展策略［J］．世界林业研究，2019，32（5）：57-62．

［40］杨永崇，李梁．智慧城市地理空间数据可视化技术探讨［J］．测绘通报，2017（8）：110-112．

［41］张玉伦，王叶堂．低山丘陵区多源数字高程模型误差分析［J］．遥感技术与应用，2018，33（6）．1112-1121．

［42］李四海，张峰．物联网技术综述及海洋信息化发展对策［J］．海洋通报，2012（3）：354-359．

［43］唐川，姜禾，张娟，等．物联网关键技术发展态势分析［J］．科学观察，2012（1）：6-21．

［44］孟超．基于森林防火现状与意义的智慧林业探讨［J］．森林防火，2015（4）：4-7．

［45］Sun R M. Wind and water flow as energy supply for small stationary data acquisition platforms［J］. Computing & Electronics in Agriculture Journal, 2008（2）：120-132.

［46］Yunseop K. Remote sensing and control of an irrigation system using a distributed wireless sensor network［J］. Instrumentation and Measurement, 2008（7）：1379-1387.

［47］庞娜，程德福．基于ZigBee无线传感器网络的温室监测系统设计［J］．吉林大学学报，2010（1）：55-60．

［48］张茹，孙松林，于晓刚．嵌入式系统技术基础［M］．北京：北京邮电大学出版社，2006：32-36．

［49］刘淼．嵌入式系统接口设计与Linux驱动程序开发［M］．北京：北京航空航天大学出版社，2006：20-23．

［50］［美］Frank Vahid, Tony Givargis. 嵌入式系统设计［M］．骆丽，译．北京：北京航空航天大学出版社，2004：35-39．

［51］谢东．基于ARM的嵌入式远程测控系统网关的设计［J］．现代电子技术，2006（13）：85-88．

［52］牛海军，樊瑜波，杨松岩，等．基于ARM和DSP的超声膀胱容积检测与预警系统的设计［J］．仪器仪表学报，2011，32（8）：1858-1863．

［53］Ko J, Gao T, Rothman R, et al. Wireless sensing systems in clinical environments improving the efficiency of the patient monitoring process［J］. Engineering in Medicine and Biology Magazine, 2010, 29（2）：103-109.

［54］杨伟伟．基于可编程阵列的仿生自修复无线传感网络节点研制［D］．南京：南京航空航天大学，2009：28-35．

［55］雷文礼. 基于 Wi-Fi 技术的矿井多业务终端的研究与实现［D］. 西安：西安科技大学，2008：31-33.

［56］Armbrust M, Fox A, Griffith R, et al. Above the clouds：A Berkeley view of cloud computing［R］. Technical Report UCB/EECS-2009-28. Electrical Engineering and Computer Sciences, University of California, Berkeley, 2009：7-11.

［57］Buyyar R, Yeo C S, Venugopals, et al. Cloud computing and emerging IT platforms：Vision, hype, and reality for delivering computing as the 5th utility［J］. Future Generation Computer Systems, 2009, 25(6)：599-616.

［58］张建勋，古志民，郑超. 云计算研究进展综述［J］. 计算机应用研究，2010，27(2)：429-433.

［59］徐强，王振江. 云计算应用开发实践［M］. 北京：机械工业出版社，2012：41-44.

［60］Peter Fingar. 云计算——21 世纪的商业平台［M］. 王凌俊，译. 北京：电子工业出版社，2009：32-35.

［61］Chen H Y, Sezaki K, Deng P, et al. An improved DV-Hop localization algorithm for wireless sensor networks［C］//ICIEA 2008. 3rd IEEE Conference on Industrial Electronics and Applications, 2008：1557-1561.

［62］Brest J, Greiner S, Boskovic B, et al. Self-adapting control parameters in differential evolution：A comparative study on numerical benchmark problems［J］. IEEE Transactions on Evolutionary Computation, 2006, 10(6)：646-657.

［63］Zhang J, Sanderson A C. JADE：Adaptive differential evolution with optional external archive［J］. IEEE Transactions on Evolutionary Computation, 2009, 13(5)：945-958.

［64］He T, Huang C, Blum B M, Stankovic J A, Abdelzaher T. Range-free localization schemes for large scale sensor networks［C］// The 9th annual international conference on Mobile computing and networking. ACM, 2003：81-95.

［65］Ji W W, Liu Z. An improvement of DV-Hop algorithm in wireless sensor networks［C］// Networking and Mobile Computing, 2006. WiCOM 2006. International Conference on Wireless Communications. IEEE, 2006：1-4.

［66］Sung K, Bell M G H, Seong M, et al. Shortest paths in a network with time-dependent flow speeds［J］. European Journal of Operational Research, 2013, 121(1)：32-39.

［67］Yang C, Raskin R. Introduction to Distributed Geographic Information Processing Research［J］. International Journal of Geographical Information Science, 2009, 23(5)：553-560.

［68］Kamel I, Faloutsos C. Hilbert R-Tree：an improved R-Tree using fractals［C］//The 20th International Conference on Very Large Data Base. San Francisco, USA：Morgan Kaufmann Publishers Inc., 2012：500-509.

［69］Ku W S, Zimmermann R, Wang H, et al. Adaptive Nearest Neighbor Queries in Travel

Time Networks［C］//The 13th Annual ACM International Workshop on Geographic Information Systems. New York，USA：ACM Press，2014：210-219.

［70］Wang Y H, Munindar P. Evidence-based trust a mathematical model geared for multivalent systems［J］. ACM Transactions on Autonomous and Adaptive Systems, 2013, 5(3)：1-25.

［71］刘锋, 张翰, 杨骥. 一种基于加权处理的无线传感器网络平均跳距离估计算法［J］. 电子与信息学报, 2008, 30(5)：1222-1225.

［72］叶苗, 王宇平. 基于变方差概率模型和进化计算的 WSN 定位算法［J］. 软件学报, 2013, 24(4)：859-872.

［73］Trifunovic S, Legender F, Anstasiades C. Social Trust in Opportunistic Networks［C］// INFOCOM IEEE Conference on Computer Communications Workshops. Washington DC, USA：IEEE Press, 2012：1-6.

［74］Arampatzis T, Lygeros J, Manesis S. A survey of applications of wireless sensors and wireless sensor networks［C］//The IEEE International Symposium on Mediterrean Conference on Control and Automation, Limassol, Cyprus, 2005：719-724.

［75］Akyildiz I F, Su W L, Sankarasubramaniam Y, et al. A survey on sensor networks［J］. IEEE Communications Magazine, 2002, 40(8)：102-114.

［76］Niculescu D. Positioning in Ad hoc sensor networks［J］. IEEE Network, 2004, 18(4)：24-29.

［77］Nicolescu D, Nath B. Ad-hoc positioning systems（APS）［C］// IEEE GLOBECOM w01, San Antonio, Texas, 2001, 5：2926-2931.

［78］Niculescu D, Nath B. DV based positioning in Ad hoc networks［J］. Journal of Telecommunication Systems, 2003, 22(1-4)：267-280.

［79］Niculescu D, Nath B. Ad-hoc positioning system（APS）using AOA［C］//The 22nd Annual Joint Conference of the IEEE Computer and Communica-tions Societies, 2003：1734-1743.

［80］Bulusu N, Heidemann J, Estrin D. GPS-less low cost outdoor localization for very small devices［J］. IEEE Personal Communications Magazine, 2000, 7(5)：28-34.

［81］Li D Y, Wang Y F, Li H S. Research on net-work node-positioning of wireless sensor based on refined DV-Hop algorithm［J］. Journal of Wuhan University of Technology, 2007, 29(4)：50-52.

［82］刘士兴, 黄俊杰, 刘宏银, 等. 基于多通信半径的加权 DV-Hop 定位算法［J］. 传感技术学报, 2015, 28(6)：883-887.

［83］Liu S X, Huang J J, Liu H Y, et al. An improving DV-Hop algorithm based on multi-communication radius［J］. Chinese Journal of Sensors and Actuators, 2015, 28 (6)：883-887.

［84］Priyantha N B, Balakrishnan H, Demaine E, et al. Anchor-free distributed localization in sensor networks［C］//The 1st international conference on Embedded networked sensor systems. ACM, 2003：340-341.

［85］Kumar S, Lobiyal D K. An advanced dv-hop localization algorithm for wireless sensor networks［J］. Wireless personal communications, 2013, 71(2)：1365-1385.

［86］Nagpal R, Shrobe H, Bachrach J. Organizing a global coordinate system from local information on an ad hoc sensor network［C］//Information Processing in Sensor Networks. Springer Berlin Heidelberg, 2003：333-348.

［87］Li M, Liu Y. Rendered path：range-free localization in anisotropic sensor networks with holes［C］// MOBICOM, 2007：51-62.

［88］Mallipeddi R, Suganthan P N. Empirical study on the effect of population size on differential evolution algorithm［C］// CEC 2008. IEEE Congress on Evolutionary Computation, 2008：3663-3670.

［89］Neri F, Tirronen V. Recent advances in differential evolution：a survey and experimental analysis［J］. Artificial Intelligence Review, 2010, 33(1-2)：61-106.

［90］胡中功, 李静. 群智能算法的研究进展［J］. 自动化技术与应用, 2008, 27(2)：13-15.

［91］贾杰, 陈剑, 常桂然, 等. 无线传感器网络中基于遗传算法的优化覆盖机制［J］. 控制与决策, 2007, 22(11)：1289-1292.

［92］黄亮. 基于改进蚁群算法的无线传感器网络节点部署［J］. 计算机测量与控制, 2010(9)：2210-2212.

［93］Lee S, Younis M, Lee M. Connectivity restoration in a partitioned wireless sensor network with assured fault tolerance［J］. Ad Hoc Networks, 2015, 24(1)：1-19.

［94］Senturk I F, Akkaya K, Yilmaz S. Relay placement for restoring connectivity in partitioned wireless sensor networks under limited information［J］. Ad Hoc Networks, 2014, 13(2)：487-503.

［95］Zhao X, Wang N. Optimal restoration approach to handle multiple actors failure in wireless sensor and actor networks［J］. IET Wireless Sensor Systems, 2014, 4(3)：138-145.

［96］Zou Y, Chakrabarty K. Sensor deployment and target localization based on virtual forces［C］//Twenty-Second Annual Joint Conference of the IEEE Computer and Communications, 2003：1293-1303.

［97］Kennedy J. Particle swarm optimization［M］// Encyclopedia of Machine Learning. NewYork：Springer US, 2010：760-766.

［98］Woesner H, Ebert J P, Schlager M, et al. Power-saving mechanisms in emerging standards for wireless LANs：the MAC level perspective［C］//IEEE Personal Communications. New York：IEEE, 1998：40-48.

［99］Hu L. Topology control for multihop packet radio networks［J］. IEEE Transactions on Communications, 1993, 41(3)：1474.

[100]Jiang J, Fang L, Zhang H Y, et al. An algorithm for mininal connected couer set problem in wireless senson networks[J]. Journal of Software, 2006, 17(2): 175.

[101]Kennedy J, Eberhart R C. Particle swarm optimisation[C]// IEEE International Conference on Neural Networks. Piscataway: IEEE Service Center, 1995: 1942-1948.

[102]王力立, 吴晓蓓. 传感器网络中陷阱空洞的分布式检测及修复[J]. 控制与决策, 2012, 27(12): 1810-1815.

[103]Howard A, Mataric M J, Sukhamae G S. An incremental self-deployment algorithm for mobile sensor networks[J]. Autonomous Robots, 2002, 13(2): 113-126.

[104]Heo N, Varshney P K. Energy-efficient deployment of intelligent mobile sensor networks[J]. IEEE Transactions on Systems, Man, and Cybernetics Part A: Systems and Humans, 2005, 35(1): 78-92.

[105]张轮, 陆琰, 董德存, 等. 一种无线传感器网络覆盖的粒子群优化方法[J]. 同济大学学报: 自然科学版, 2009, 37(2): 262-266.

[106]杨凯, 刘全, 张书奎, 等. 利用移动内点来修复传感器网络空洞的算法[J]. 通信学报, 2012, 33(9): 116-124.

[107]Pei Z Q, Xu C Q, Teng J. Relocation algorithm for nonuniform distribution in mobile sensor network[J]. J. of Electronics, 2009, 26(2): 222-228.

[108]Xu X J, Huang X P, Qian D L. Adaptive accelerating differential evolution[J]. Complex Systems and Complexity Science, 2008, 5(1): 87-92.

[109]Chakrabarty K, Iyengar S S, Qi H R, et a1. Grid coverage for surveillance and target location in distributed sensor networks[J]. IEEE Transactions on Computers, 2002, 51(12): 1448-1453.

[110]Li X F, Mao Y C, Liang Y. A survey on topology control in wireless sensor networks[C]//The 10th International Conference on Control, Allocation, Robotics and Vision, lCARCV 2008. Hanoi, Viet, 2008: 251-255.

[111]Karlof C, Wagner D. Secure routing in wireless sensor networks: attacks and counter-measures[J]. Ad Hoc Networks, 2003, 1(1): 293-315.

[112]Mostafizur M, Mozumdar R, Nan G F, et a1. An efficient data aggregation algorithm for cluster-based sensor network[J]. Journal of Networks, 2009, 4(7): 598-606.

[113]Malka N H, Siddeswara M G, Andrew J. Centralised strategies for cluster formation in sensornetworks[J]. Studies in Computational Intelligence, 2005, 4: 315-331.

[114]Cardei M, Wu J. Coverage in wireless sensor networks[M]. Handbook of Sensor Networks, CRC Press, 2004: 56-64.

[115]Huang C F, Tseng Y C. The Coverage Problem in A Wireless Sensor Network[J]. Mobile Networks and Applications, 2005, 10(4): 519-528.

[116]Cardei M, Wu J. Energy-efficient Coverage Problems in Wireless Ad Hoc Sensor Networks

［J］. Computer Communications, 2006, 29(4): 413-420.

［117］董世友, 龙国庆, 祝小平. 无人机航路规划的研究［J］. 飞行力学, 2004, 22(3): 21-24.

［118］赵继俊. 优化技术与 MATLAB 优化工具箱［M］. 北京: 机械工业出版社, 2011: 72-75.

［119］史峰, 王小川. MATLAB 神经网络 30 个案例分析［M］. 北京: 北京航空航天大学出版社, 2011.

［120］Wu J H, Zhang J, Liu Z H. Solving TSP based on adaptive polymorphic immune ant colony algorithm［J］. Application Research of Computers, 2010, 27(5): 1653-1658.

［121］Dorigo M, Gambardellal M. Ant colony system: A cooperative learning approach to the traveling salesman problem［J］. IEEE Transactions on Evolutionary Computation, 1997, 1 (1): 53-66.

［122］Deng W, Chen R, He B, et al. A novel two-stage hybrid swarm intelligence optimization algorithm and application［J］. Soft Computing, 2012, 16(10): 1707-1722.

［123］Jalali M R, Afshar A, Mariño M A. Improved ant colony optimization algorithm for reservoir operation［J］. Scientia Iranica, 2006, 13(3): 295-302.

［124］Deng W, Zhao H M, Liu J J, et al. An improved CACO algorithm based on adaptive method and multi-variant strategies［J］. Soft Computing, 2015, 19(3): 701-713.

［125］Zheng Q X, Li M, Li Y X, et al. An improved ant colony optimization for two-sided assembly line balancing problem［J］. Acta Electronica Sinica, 2014, 42(5): 841-845.

［126］Zhang Y G, Zhang S B, Xue Q S. Improved ant colony optimization algorithm for solving constraint satisfaction problem［J］. Journal on Communications, 2015, 36(5): 1-6.

［127］Janson S, Merkle D, Middendorf M, et al. On enforced convergence of ACO and its implementation on the reconfigurable mesh architecture using size reduction tasks［J］. Journal of Supercomputing, 2003, 26(3): 221-238.

［128］Mitica C, Catalin B. An improved load balance strategy using ACO metaheuristics［J］. WSEAS Transactions on Computers, 2005, 4(8): 960-965.

［129］Leng S, Wei X B, Zhang W Y. Improved ACO scheduling algorithm based on flexible process［J］. Transactions of Nanjing University of Aeronautics and Astronautics, 2006, 23 (2): 154-160.

［130］Duan H B, Duan D B, Yu X F. Grid-based ACO algorithm for parameters tuning of NLPID controller and its application in flight simulator［J］. International Journal of Computational Methods, 2006, 3(2): 163-175.

［131］Abadeh M S, Habibi J, Soroush E. Induction of fuzzy classification systems via evolutionary ACO-based algorithms［J］. International Journal of Simulation: Systems, 2008, 9(3): 1-8.

［132］Huang C L. ACO-based hybrid classification system with feature subset selection and model parameters optimization［J］. Neurocomputing, 2008, 73(1-3): 438-448.

［133］Li K W, Tian J. The multicast routing QoS based on the improved ACO algorithm［J］. Journal of Networks, 2009, 4(6): 505-510.

［134］Zhang X X, Tang L X. A new hybrid ant colony optimization algorithm for the vehicle routing problem［J］. Pattern Recognition Letters, 2009, 30(9): 848-855.

［135］Yi Y, Lai J L. Computation model and improved ACO algorithm for p//T［J］. Journal of Systems Engineering and Electronics, 2009, 20(6): 1336-1343.

［136］Jiang B B, Chen H M, Ma L N, et al. Time-dependent pheromones and electric-field model: A new ACO algorithm for dynamic traffic routing［J］. International Journal of Modelling, Identification and Control, 2011, 12(12): 29-35.

［137］Shuang B, Chen J P, Li Z B. Study on hybrid PS-ACO algorithm［J］. Applied Intelligence, 2011, 34(1): 64-73.

［138］Janaki M M, Chandran K R, Karthik A, et al. A parallel ACO algorithm to select terms to categorize longer documents［J］. International Journal of Computational Science and Engineering, 2011, 6(4): 238-248.

［139］Geng J Q, Weng L P, Liu S H. An improved ant colony optimization algorithm for nonlinear resource-leveling problems［J］. Computers and Mathematics with Applications, 2011, 61(8): 2300-2305.

［140］Xing L N, Rohlfshagen P, Chen Y W, et al. A hybrid ant colony optimization algorithm for the extended capacitated arc routing problem［J］. IEEE Transactions on Systems, Man, and Cybernetics, Part B: Cybernetics, 2011, 41(4): 1110-1123.

［141］Cao K, Yang X, Chen X J, et al. A novel ant colony optimization algorithm for large-distorted fingerprint matching［J］. Pattern Recognition, 2012, 45(1): 151-161.

［142］Li Y C, Ban C H G, Zhou S J, et al. Novel ACO based on entropy and its application in analysis of structural reliability［J］. Journal of Theoretical and Applied Information Technology, 2012, 45(1): 154-159.

［143］Zhao N, Lv X W, Wu Z L. A hybrid ant colony optimization algorithm for optimal multiuser detection in DS-UWB system［J］. Expert Systems with Applications, 2012, 39(5): 5279-5285.

［144］Janaki M M, Chandran K R, Karthik A, et al. An enhanced ACO algorithm to select features for text categorization and its parallelization［J］. Expert Systems with Applications, 2012, 39(5): 5861-5871.

［145］Chen X, Kong Y Y, Fang X, et al. A fast two-stage ACO algorithm for robotic path planning［J］. Neural Computing and Applications, 2013, 22(2): 313-319.

［146］Hsu C H, Juang C F. Evolutionary robot wall-following control using type-2 fuzzy controller with species-DE-activated continuous ACO[J]. IEEE Transactions on Fuzzy Systems, 2013, 21(1): 100-112.

[147] Li Y C, Liu L P, Zhou S J, et al. Dynamic resource scheduling in construction project group management based on improved ACO algorithm[J]. Energy Education Science and Technology Part A: Energy Science and Research, 2013, 31(2): 1111-1116.

[148] Ke L J, Zhang Q F, Zhou S J, et al. MOEA/D-ACO: A multiobjective evolutionary algorithm using decomposition and Ant-Colony[J]. IEEE Transactions on Cybernetics, 2013, 43(6): 1845-1859.

[149] Elloumi W, Haikal E A, Abraham A, et al. A comparative study of the improvement of performance using a PSO modified by ACO applied to TSP[J]. Applied Soft Computing Journal, 2014, 25(C): 234-241.

[150] Shima K, Hossein N P. An advanced ACO algorithm for feature subset selection[J]. Neurocomputing, 147(1): 271-279.

[151] Xiong G M, Li X Y, Zhou S, et al. Incorporating bidirectional heuristic search and improved ACO in route planning[J]. International Journal of Hybrid Information Technology, 2015, 8(7): 189-198.

[152] Li C, Zhang H, Hao B, et al. A survey on routing protocols for large scale wireless sensor networks[J]. Sensors, 2011, 11(4): 3498-3526.

[153] Xu Z, Chen L, Chen C, et al. Joint clustering and routing design for reliable and efficient data collection in large-scale wireless sensor networks[J]. IEEE Internet of Things Journal, 2016, 3(4): 520-532.

[154] Barati H, Movaghar A, Rahmani A M. EACHP: energy aware clustering hierarchy protocol for large scale wireless sensor networks[J]. Wireless Personal Communications, 2015, 85(3): 1-25.

[155] Assaf A E, Zaidi S, Affes S, et al. Low-cost localization for multihop heterogeneous wireless sensor networks[J]. IEEE Transactions on Wireless Communications, 2016, 15(1): 472-484 .

[156] Zhang L, Zhang Y. Energy-efficient cross-layer protocol of channel-aware geographic-informed forwarding in wireless sensor networks[J]. IEEE Trans. on Vehicular Technology, 2009, 58(6): 3041-3052.

[157] Zhou Z, Zhou S, Cui J, et al. Energy-efficient cooperative communication based on power control and selective relay in wireless sensor networks[J]. IEEE Trans. Wireless Commun., 2008, 7(8): 3066-3078.

[158] Cui S, Goldsmith A J, Bahai A. Energy-efficiency of MIMO and cooperative MIMO techniques in sensor networks[J]. IEEE J. Sel. Areas Commun., 2004, 22(6): 1089-1098.

[159] Zuniga M, Krishnamachari B. Analyzing the transitional region in low power wireless links[C]//Proc. SECON, 2004：517-526.

[160] Tang F L, Llsum Y, Guo S, et al. Achain-cluster based routing algorithm for wireless sensornetwork[J]. Journal of Intelligent Manufacturing, 2012, 23(4)：1305-1313.

[161] 高德民, 钱焕延, 徐江, 等. 无线传感器网络随机分布模型及覆盖控制研究[J]. 传感技术学报, 2011, 24(3)：412-417.

[162] 余勇昌, 韦岗. 无线传感器网络中基于 PEGASIS 协议的改进算法[J]. 电子学报, 2008, 36(7)：1309-1313.

[163] 刘军, 李岩, 齐华. 基于 NS2 的无线传感器网络 LEACH 协议的改进与仿真[J]. 电子技术应用, 2012, 38(2)：21-23.

[164] 米奕萍, 高媛. 基于蚁群优化的 WSN 能耗均衡链状路由协议[J]. 计算机测量与控制, 2012, 20(2)：490-493.

[165] 刘军, 李岩, 齐华. 改进的网络路由协议低功耗自适应分簇算法[J]. 探测与控制学报, 2012, 34(1)：60-63.

[166] 林鹭榕, 汤碧玉. 无线传感器网络中远程链路传输算法研究[J]. 计算机工程, 2012, 38(9)：100-104.

[167] 汪小龙, 张红艳, 方潜生, 等. 无线传感网络覆盖中概率 Voronoi 模型及算法研究[J]. 传感技术学报, 2012, 25(5)：702-706.

[168] Baehir A, Dohler M, Watteyne T, et al. MAC Essentials for Wire-less Sensor Networks [J]. IEEE Communications Surveys & Tuto-rials, 2010, 12(2)：222-248.

[169] 任苗苗, 范书瑞, 王悦良. 一种时分簇调度算法的实现[J]. 传感技术学报, 2015, 28(7)：1073-1077.

[170] Yang S H. Wireless sensor networks：principles, design and applications [M]. London：Springer, 2014：7-47.

[171] Santar P S, Sharma S C. A survey on cluster based routing protocols in wireless sensor networks [J]. Procedia Computer Science, 2015(45)：687-695.

[172] 汤文亮, 曾祥元, 曹义亲. 基于 ZigBee 无线传感器网络的森林火灾监测系统[J]. 实验室研究与探索, 2010(6)：49-53.

[173] 曾台盛. 基于无线传感器网络的森林防火监测系统设计[J]. 佳木斯大学学报：自然科学版, 2011, 29(6)：857-859.

[174] 李元实, 王智, 鲍明, 等. 基于无线声阵列传感器网络的实时多目标跟踪平台设计及实验[J]. 仪器仪表学报, 2012, 33(1)：146-154.

[175] Akyildiz I F, Kasimoglu I H. Wireless sensor and actor networks：research challenges[J]. Ad hoc networks, 2004, 2(4)：351-367.

［176］Soh L K, Tsatsoulis C. Satisficing coalition formation among agents［C］//The first international joint conference on Autonomous agents and multiagent systems：part 3. ACM, 2002：1062-1063.

［177］崔莉, 鞠海玲, 苗勇, 等. 无线传感器网络研究进展［J］. 计算机研究与发展, 2005, 42(1)：163-174.

［178］戴晓华, 王智, 蒋鹏, 等. 无线传感器网络智能信息处理研究［J］. 传感技术学报, 2006, 19(1)：1-7.

［179］黄勤珍, 孟文. 应用 3S 实现森林火灾的自动监测与预警［J］. 仪器仪表学报, 2004 (S1)：163-164.

［180］曼苏尔, 于晋龙, 马书惠. 一种基于数据流跟踪的无线传感网能量模型及网络优化［J］. 传感技术学报, 2009(4)：505-510.

［181］付俊, 陈俊杰. 用于多移动目标定位的 WSN 节点设计与实现［J］. 舰船电子工程, 2009(5)：61-65.

［182］李义平, 徐爱俊, 杨绍钦. 基于 GIS 的低丘缓坡林地管理系统的关键技术［J］. 浙江林学院学报, 2009, 26(4)：554-560.

［183］Luo J A, Feng D, Chen S, et al. Experiments for on-line bearing-only target localization in acoustic array sensor networks［J］. World Congress on Intelligent Control & Automation, 2010, 20(1)：1425-1428.

［184］Priyantha N B, Chakraborty A, Balakrishnan H. The cricket location-support system ［C］//The 6th annual international conference on Mobile computing and networking. ACM, 2000：32-43.

［185］于海斌, 梁炜, 曾鹏. 智能无线传感器网络系统［M］. 北京：科学出版社, 2013：85-88.

［186］陈敏, 王擘, 李军华. 无线传感器网络原理与实践［M］. 北京：化学工业出版社, 2011：40-44.

［187］王汝传, 孙力娟, 黄海平. 无线传感器网络技术及其应用［M］. 北京：人民邮电出版社, 2011：37-43.

［188］Soh L K, Tsatsoulis C. Reflective negotiating agents for real-time multisensor target tracking［J］. Proc Ijcai', 2001：1121-1127.

［189］Savvides A, Han C C, Strivastava M B. Dynamic fine-grained localization in ad-hoc networks of sensors［C］//The 7th annual international conference on Mobile computing and networking. ACM, 2001：166-179.

［190］Bahl P, Padmanabhan V N. RADAR：An in-building RF-based user location and tracking system［C］//INFOCOM 2000. Nineteenth Annual Joint Conference of the IEEE Computer and Communications Societies. Proceedings IEEE, 2000, 2: 775-784.

[191] Melodia T, Pompili D, Gungor V C, et al. A distributed coordination framework for wireless sensor and actor networks[C]//Acm International, 2005: 99-110.

[192] Addlesee M, Curwen R, Hodges S, et al. Implementing a sentient computing system[J]. Computer, 2001, 34(8): 50-56.

[193] 齐建东, 蒋禧, 赵燕东. 基于无线多媒体传感器网络的森林病虫害监测系统[J]. 北京林业大学学报, 2010(4): 186-190.